JN026007

実例満載 Word&Excelでできる

自治会・PTAで役立つ書類のつくり方

Word & Excel
2019/2016/2013対応

実例満載 Word&Excelでできる

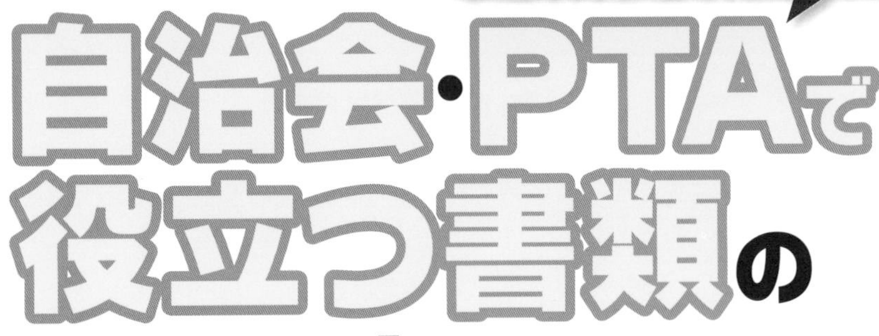

自治会・PTAで役立つ書類のつくり方

Word & Excel
2019/2016/2013対応

ワード&エクセル書類の作例とポイント

Chap 1 ワードでつくるお知らせ・回覧

春の町内美化活動のお知らせ

5月10日（日）
9時30分

中央公民館前

トング、軍手、ごみ袋（自治会で用意します）

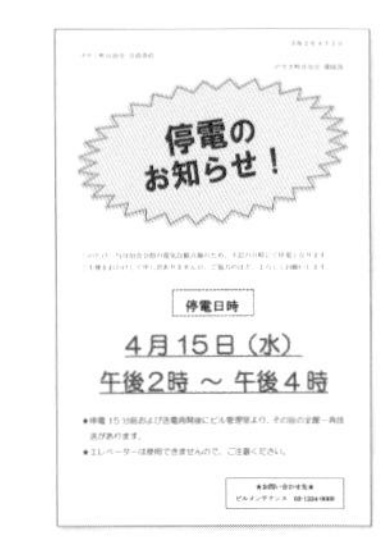

停電のお知らせ！

停電日時

4月15日（水）
午後2時 ～ 午後4時

燃やすごみ収集日
変更のお知らせ

燃やすごみの収集日の変更

Chap 2 ワードでつくるチラシ・ポスター

エクセルでつくる便利な書類

Chap 4

そのまま使える文例・デザイン文字

ワードの基本操作

エクセルの基本操作

作例書類のつくり方

ポイントで作例のつくり方がすぐにわかる!

本書の使い方

使いたい作例を探す

本書の作例ページは、つくりたい書類や知りたい操作がすぐにわかるようになっています。作例をつくるにあたってのポイントとなる箇所には、該当する操作の手順を掲載しているページ数が表記してありますので、そのページを参照すれば、つくり方がすぐにわかります。なお、本書ではWindows 10 とワード/エクセル 2019 の環境で解説しています。

作例タイトル

つくりたい作例がすぐに見つかるように、具体的なタイトルを付けてあります。

作例のファイル名

作例ページで紹介している書類は、すべて付属CD-ROM に収録しています。

やってみよう

作例で使用している重要な機能です。右側ページで解説しています。

やってみよう操作解説

左ページの「やってみよう」の操作解説です。

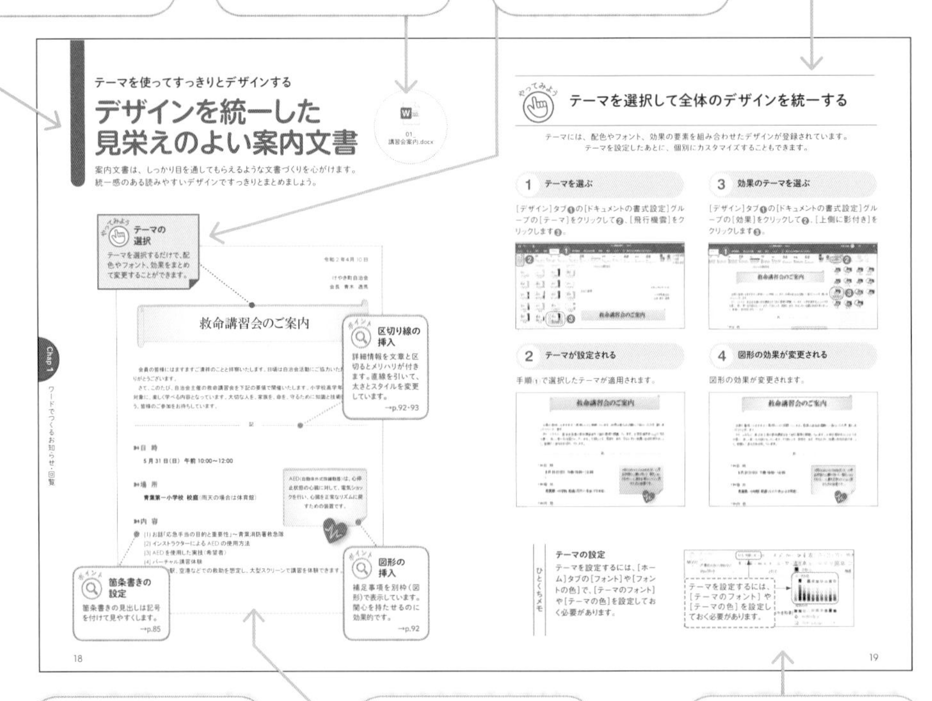

ポイント

操作内容については、基本操作と作例書類のつくり方で説明しています。

作例の見本

CD-ROM に収録されている作例の見本です。

ひとくちメモ

覚えておくと便利な豆知識が掲載されています。

基本操作と作例のつくり方を知る

基本的な操作や機能を解説した「ワードの基本操作」と「エクセルの基本操作」、収録されている作例のつくり方を細かく解説した「作例書類のつくり方」で実際の操作手順がわかります。

項目

操作内容、種類がひと目でわかるようになっています。各項目に番号が付いているので、参照するときに便利です。

操作解説

ワード／エクセル 2019 をベースにした解説です。本文と画面上の番号を対応させ、操作する位置がわかるようにしています。

作例参照ページ

その操作を使用している作例を紹介しています（すべてではありません）。

操作画面

実際に操作するときのパソコンの画面です（パソコンの設定によって、画面が異なる場合があります）。

メモやワンポイントアドバイス

項目の補足事項や覚えておくと便利な豆知識などを掲載しています。

作例のファイルをパソコンにコピーして使おう！

CD-ROMの使い方

CD-ROMの収録内容を確認する

収録データは、ワードやエクセルに取り込んで自由にご利用いただけます。なお、CD-ROM から直に読み込んだデータを変更して保存する場合には、そのままでは上書き保存ができません。保存場所を変えて保存してください(p.9 参照)。

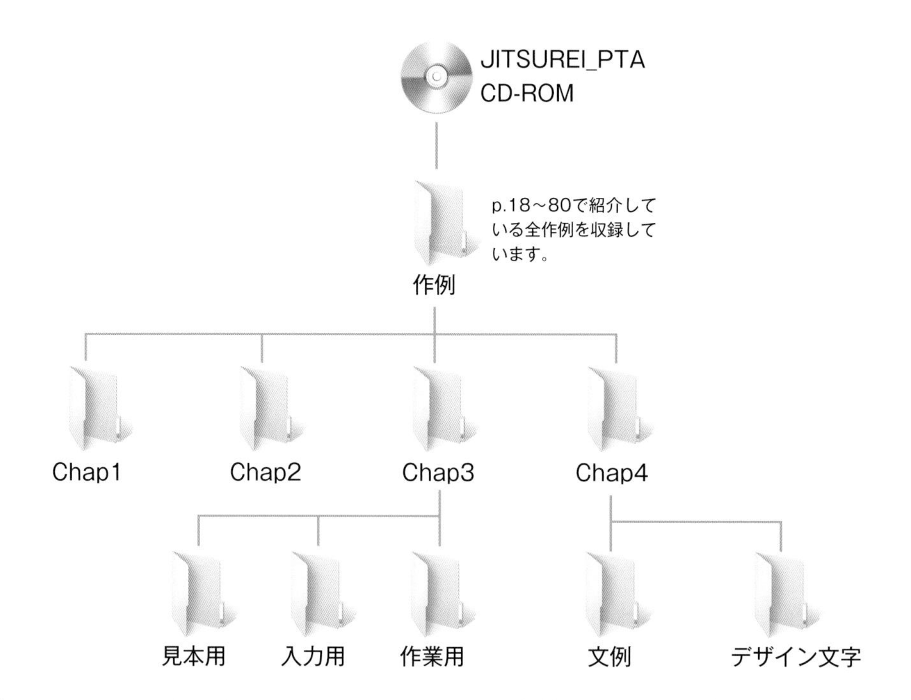

注意事項

CD-ROM をご利用になる前にお読みください

[付属CD-ROM について]

- 本書付属の CD-ROM は、Windows 10/8.1 用および Word 2019/2016/2013、Excel 2019/2016/2013 用です。それ以外のバージョンの動作は保証しておりません。
- 本書付属の CD-ROM に収録されているデータは、ご使用のパソコンのフォント環境によっては、正しく表示・印刷されない場合があります。
- 本書付属の CD-ROM に収録されているデータは、お手持ちのプリンターによっては、印刷時に設定の調整が必要になる場合があります。また、本書に掲載されている見本の色調と異なる場合があります。
- 本書付属の CD-ROM に収録されているデータを使用した結果生じた損害は、(株)技術評論社および著者は一切の責任を負いません。

[収録データの著作権について]

- CD-ROM に収録されたデータの著作権・商標権は、すべて著者に帰属しています。
- CD-ROM に収録されたデータは、個人で使用する場合のみ利用が許可されています。個人・商業の用途にかかわらず、第三者への譲渡、賃貸・リース、伝送、配布は禁止します。
- Microsoft、MS、Windows は米国およびその他の国における米国 Microsoft Corporation の登録商標です。

CD-ROM から作例データをコピーする

お使いのパソコンのドライブに付属の CD-ROM をセットし、使用したい作例のファイルやフォルダーをデスクトップにコピーします。CD-ROM から直接ワードやエクセルに読み込んだ場合は、上書き保存ができません。必ずデスクトップにコピーしてから使うようにしましょう。

1 CD-ROM のフォルダーを表示する

CD-ROM をパソコンのドライブにセットします。メッセージをクリックし❶、[フォルダーを開いてファイルを表示]をクリックします❷。

CR-ROM をセットしても何も表示されない場合は、タスクバーにある[エクスプローラー]アイコン をクリックして、CD/DVD ドライブのアイコンをクリックします。

2 使用したい作例を選択する

CD-ROM の内容が表示されるので、使いたいファイルが入っているフォルダー(p.8参照)を順次ダブルクリックします❶。各作例紹介ページに掲載してあるファイル名をもとに、使いたいファイルを選びましょう。

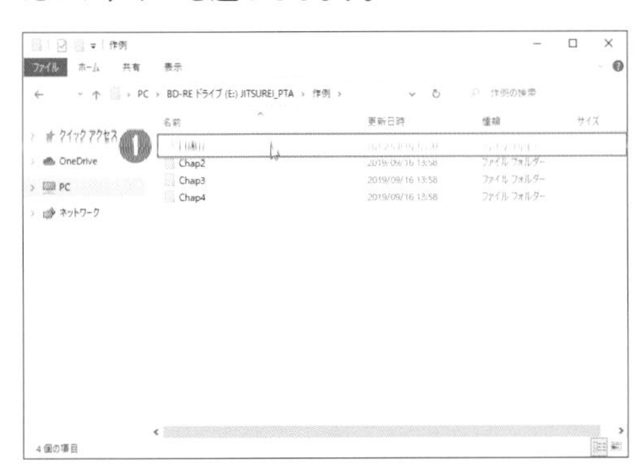

3 作例をデスクトップにコピーする

コピーしたいファイルまたはフォルダーをクリックし❶、パソコンのデスクトップへドラッグ&ドロップします❷。デスクトップにファイルまたはフォルダーがコピーされ、アイコンが表示されます。

ワンポイントアドバイス

デジタルカメラの付属のソフトなどをインストールしている場合は、CD-ROM を挿入すると自動的に素材の画像が読み込まれて画像ソフトが起動したり、スライドショー表示が始まることがあります。その場合は、ソフトを終了させましょう。スライドショーの場合は、画面上をクリックすると、スライドショーが終了するので、画面右上の[閉じる] をクリックします。

作例を編集してオリジナルの書類をつくろう!

作例の使い方と活用

作例ファイルを編集して名前を付けて保存する

パソコンにコピーした作例ファイルを開いて編集し、オリジナルの書類をつくりましょう。ファイルを開く方法はいくつかありますが、ここでは最も簡単な方法を紹介します。

1 ファイルを開く

フォルダーごとデスクトップにコピーした場合は、コピーしたフォルダーを開きます。目的のファイルをダブルクリックして❶、ファイルを開きます。

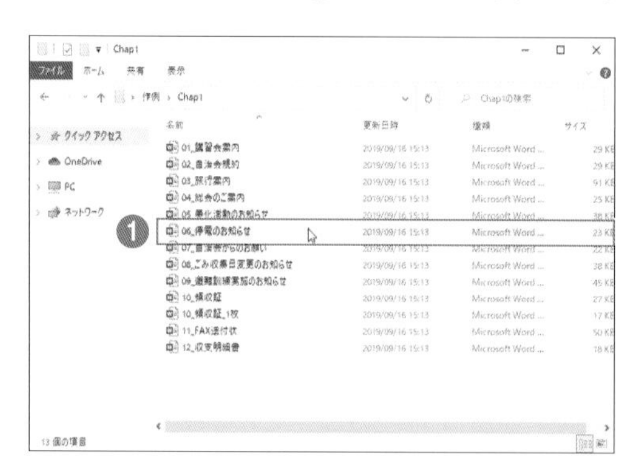

2 目的のファイルが開く

手順❶で選択した、ワード(あるいはエクセル)の作例ファイルが表示されます。

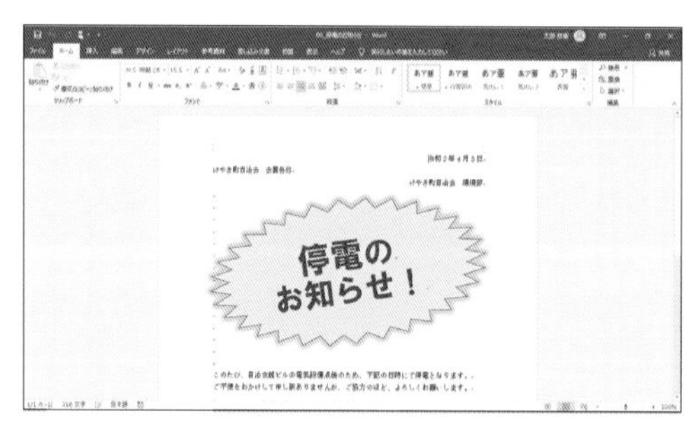

3 作例を編集する

作例を編集して、オリジナルの書類を作成します❶。

4 [名前を付けて保存] ダイアログボックスを表示する

[ファイル]タブをクリックして、[名前を付けて保存]をクリックし❶、[このPC](ワード/エクセル 2013では[コンピューター])をクリックして❷、[参照]をクリックします❸。

上書き保存する場合は、[クイックアクセスツールバー]の[上書き保存]をクリックします。

5 編集したファイルを保存する

保存先のフォルダーを指定して❶、ファイル名を入力し❷、[保存]をクリックします❸。

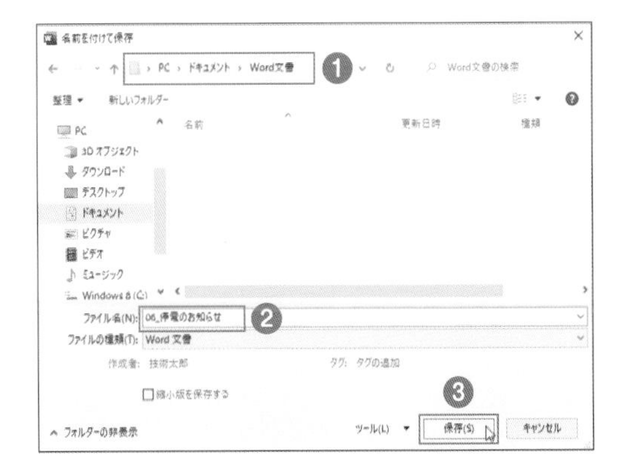

6 画面を閉じる

画面の右上にある[閉じる] ✕ をクリックします❶。

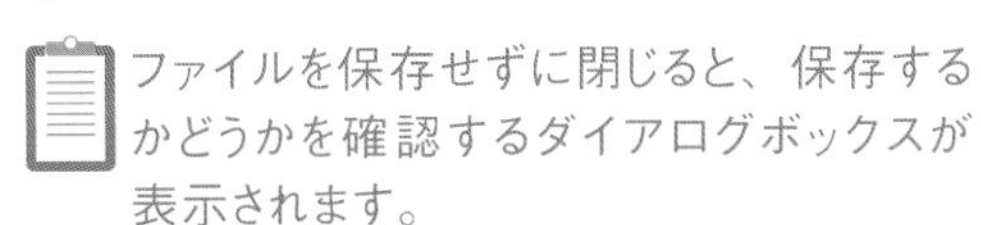

ファイルを保存せずに閉じると、保存するかどうかを確認するダイアログボックスが表示されます。

失敗に気づいたら[元に戻す]でやり直す

ワードやエクセルで書類をつくる場合、手書きと違い、失敗しても前に戻って操作をやり直すことができます。失敗してもあわてずに、[元に戻す]でやり直しましょう。

1 1つ前の操作に戻す

クイックアクセスツールバーの[元に戻す]をクリックすると❶、1つ前の状態に戻ります。何度もクリックすれば、その回数分だけ前の状態に戻ります。

Ctrl キーを押しながら Z キーを押しても元に戻すことができます。

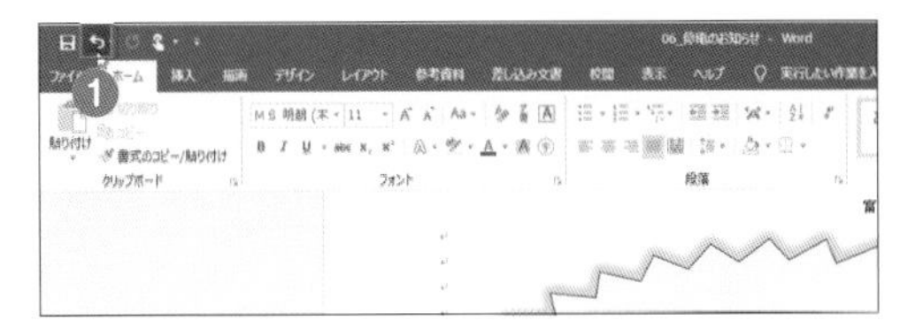

2 いくつかの操作を一気に戻す

[元に戻す]の▼をクリックすると❶、行った操作が新しい順に一覧で表示されます。どこまで戻すかを選択してクリックし❷、やり直したい状態まで戻します。

ワンポイントアドバイス

戻しすぎてしまった場合は、クイックアクセスツールバーの[やり直し]をクリックすると、元に戻した操作をやり直したり、直前に実行した操作を繰り返し実行したりすることができます。Ctrl キーを押しながら Y キーを押してもやり直すことができます。

これだけわかればすぐにワード&エクセルが使える!

ワード&エクセルの基本

ワード&エクセルのバージョンの違い

本書は、ワードとエクセルのバージョン2019/2016/2013に対応しています。それぞれのバージョンによって画面の色や、タブの数、タブやコマンドの名称などが多少異なりますが、書類作成における基本的な機能や操作方法は変わりません。ここでは、ワードでバージョンの違いを確認しましょう。

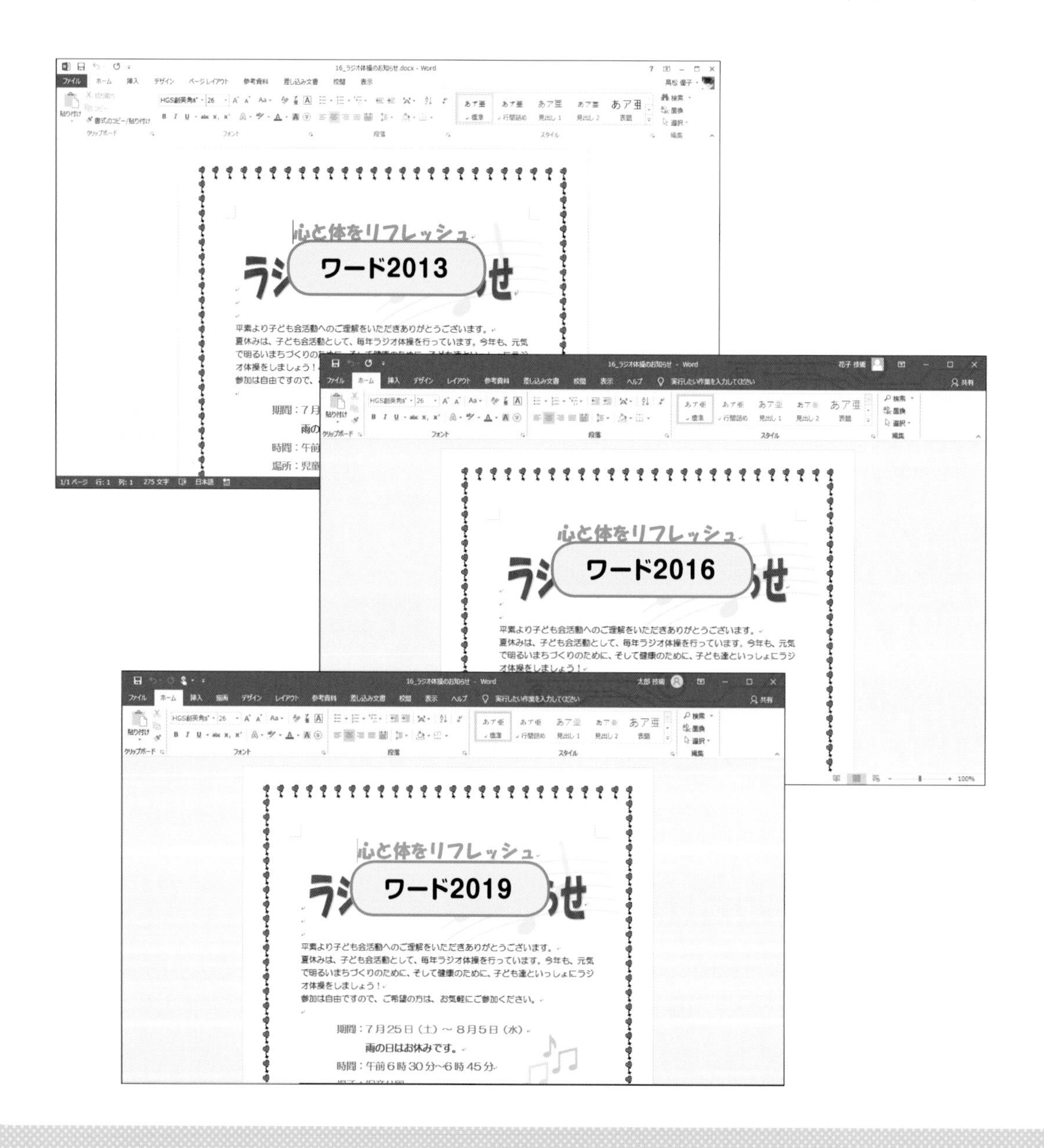

ワード&エクセルの画面各部の呼び名

本書では、ワードとエクセルの画面の各部を下のような呼び名で説明しています。操作でわからなくなったら、ここで確認しましょう。

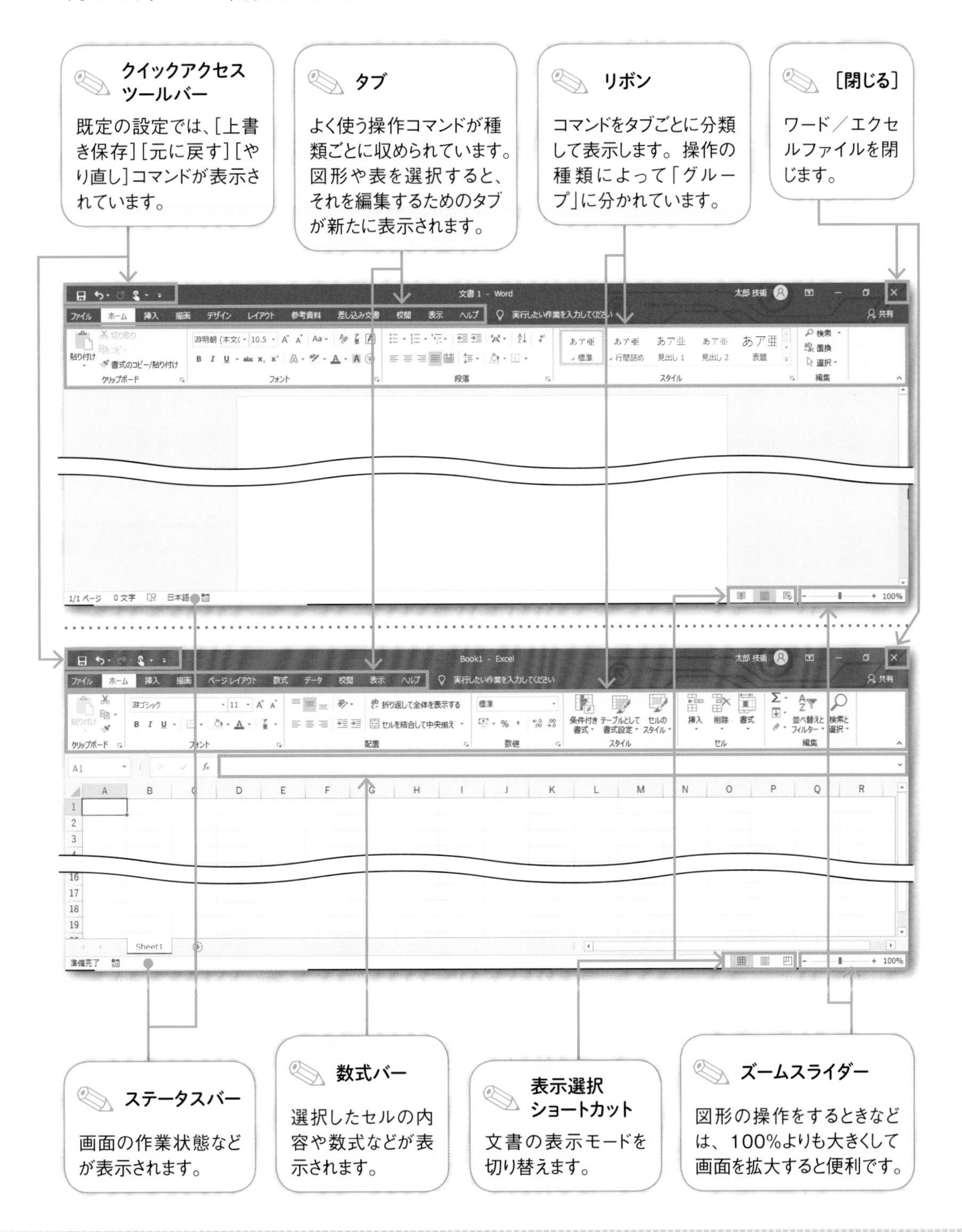

リボンを活用しよう

書類作成でよく使う操作コマンドが「グループ」として整理して収められています。使いたい操作によって、タブをクリックして、リボンを切り替えてコマンドを探します。

タブ

図形や表を選択すると、それを編集するための関連タブが新たに表示されます。本書では[書式]タブのように記載しています。

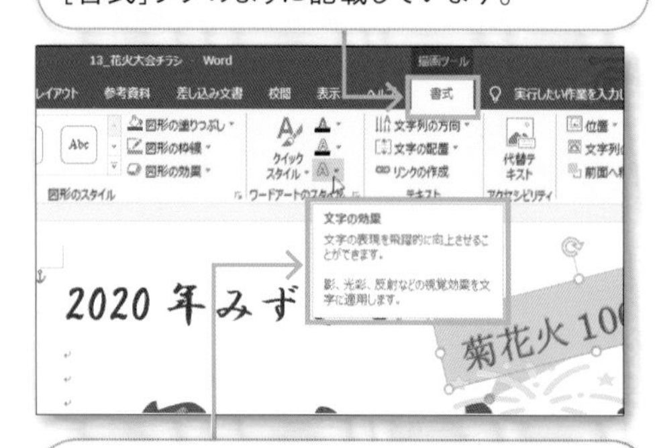

ヒント(ポップヒント)

コマンドにマウスポインターを合わせると、そのコマンドの名称と説明が表示されます。

ひとくちメモ

リボンの見え方は画面サイズで違う

本書ではディスプレイ解像度を1366×768とし、ワード／エクセルを全画面表示としたときの操作画面を示しています。
お使いのパソコンの画面サイズが小さい場合や、ワイド画面を使用している場合には、リボンの各グループ内に表示されるコマンドの位置や種類が本書の説明画面と異なることがあります。コマンドがない場合は、同じグループのコマンドの▾をクリックすると、隠れているコマンドを表示できます。
なお、本書の操作解説では、画面に表示されている名称を記載しており、コマンドにマウスポインターを合わせた際に表示される名称と異なることがあります。

詳細はダイアログボックスで設定できる

リボンのコマンドだけでは設定できない詳細な設定は、ダイアログボックスを表示して設定します。ダイアログボックスの周囲の色は、ワード／エクセルのバージョンにより異なります。

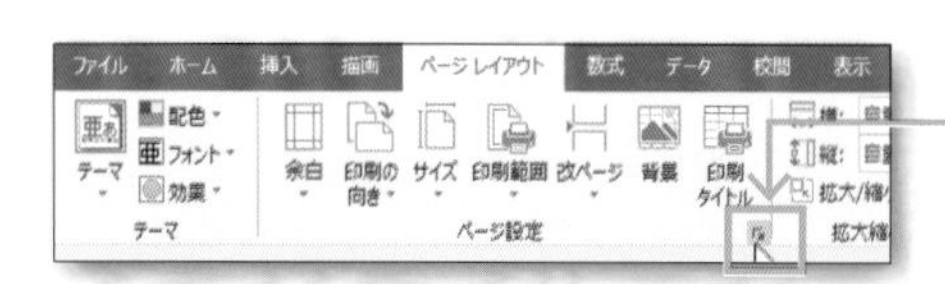

ダイアログボックスを表示する

グループタイトル右の⧉をクリックすると、ダイアログボックスが表示されます。

数値の設定

数値を設定する欄がある場合は、数値を入力するか、横の⇕をクリックして設定します。

ダイアログボックスを閉じる

設定したら[OK]をクリックして閉じます。[閉じる]☒で閉じると、設定されない場合があります。

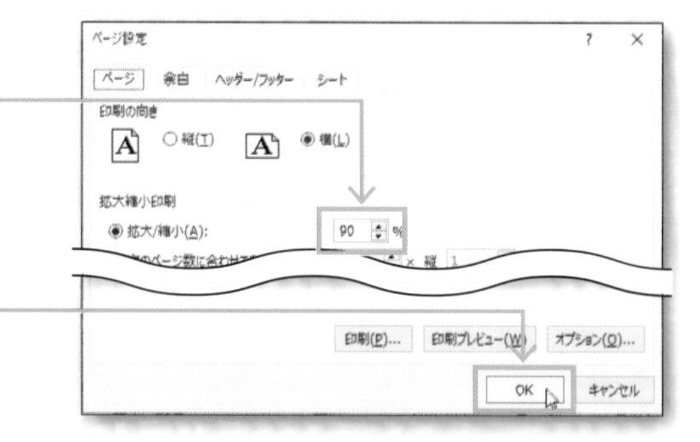

ワードで新しい文書を作成する

ワードを起動した直後に［白紙の文書］をクリックすると、新規の文書が作成されます。文書を編集中に別の文書を作成する場合は、［ファイル］タブの［新規］をクリックして、［白紙の文書］をクリックします。

1 新しい文書を作成する

文書の編集中に［ファイル］タブをクリックします❶。

2 ［白紙の文書］を選択する

［新規］をクリックして❶、［白紙の文書］をクリックすると❷、白紙の文書が作成されます。

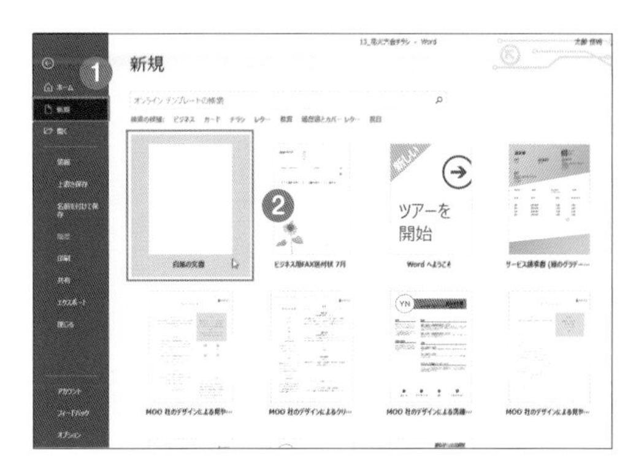

エクセルで新しい文書を作成する

エクセルを起動した直後に［空白のブック］をクリックすると、新規の文書が作成されます。文書を編集中に別の文書を作成する場合は、［ファイル］タブの［新規］をクリックして、［空白のブック］をクリックします。なお、「ブック」は、1つあるいは複数のワークシートから構成されたエクセルの文書のことです。

1 新しい文書を作成する

文書の編集中に［ファイル］タブをクリックします❶。

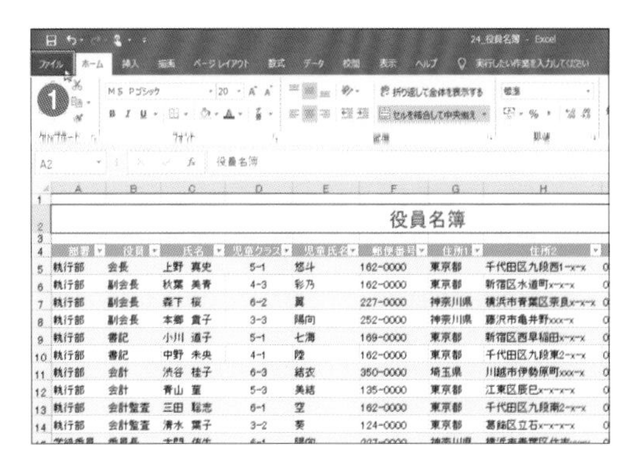

2 ［空白のブック］を選択する

［新規］をクリックして❶、［空白のブック］をクリックすると❷、白紙の文書が作成されます。

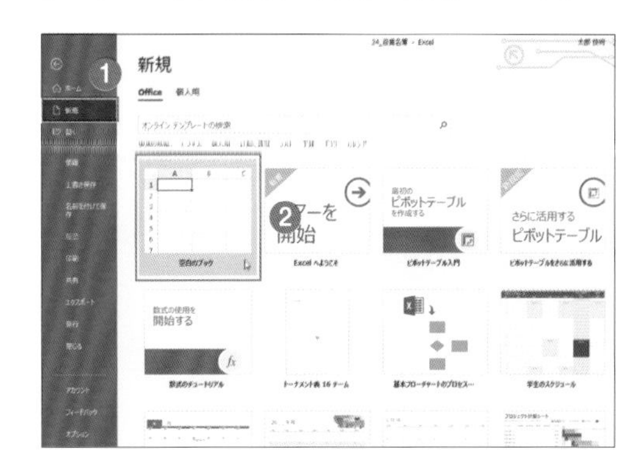

■免責

本書に記載された内容は情報提供のみを目的としています。したがって、本書の運用は、必ずお客様自身の責任と判断によって行ってください。これらの情報の運用結果について、㈱技術評論社および著者はいかなる責任も負いません。

本書記載の情報は、2019年11月末現在のものを掲載しており、ご利用時には変更されている場合があります。また、ソフトウェアに関する記述は、Microsoft Word 2019/2016/2013、Microsoft Excel 2019/2016/2013のそれぞれのソフトウェアの2019年11月末現在での最新バージョンをもとにしています。ソフトウェアはバージョンアップされる場合があり、本書の説明とは機能の内容や画面図などが異なる可能性もあります。

■商標、登録商標について

ワード&エクセル書類の作例とポイント

ここでは付属のCD-ROMに収録されているワード&エクセル書類と、
書類をつくる際のポイントを紹介します。自分の使いたい書類を
探し、ポイントの解説にしたがって、実際にデータを
入力したり、加工したりしてみましょう。

テーマを使ってすっきりとデザインする

デザインを統一した見栄えのよい案内文書

案内文書は、しっかり目を通してもらえるような文書づくりを心がけます。
統一感のある読みやすいデザインですっきりとまとめましょう。

テーマの選択

テーマを選択するだけで、配色やフォント、効果をまとめて変更することができます。

令和2年4月10日

けやき町自治会
会長　青木　透馬

救命講習会のご案内

会員の皆様にはますますご清祥のことと拝察いたします。日頃は自治会活動にご協力いただ
りがとうございます。

さて、このたび、自治会主催の救命講習会を下記の要領で開催いたします。小学校高学年
対象に、楽しく学べる内容となっています。大切な人を、家族を、命を、守るために知識と技術を
う。皆様のご参加をお待ちしています。

記

日　時

5月31日(日)　午前10:00〜12:00

場　所

青葉第一小学校　校庭(雨天の場合は体育館)

AED(自動体外式除細動器)は、心停止状態の心臓に対して、電気ショックを行い、心臓を正常なリズムに戻すための装置です。

内　容

(1) お話「応急手当の目的と重要性」〜青葉消防署救急隊
(2) インストラクターによるAEDの使用方法
(3) AEDを使用した実技(希望者)
(4) バーチャル講習体験
駅、空港などでの救助を想定し、大型スクリーンで講習を体験できます。

区切り線の挿入

詳細情報を文章と区切るとメリハリが付きます。直線を引いて、太さとスタイルを変更しています。

→p.92・93

箇条書きの設定

箇条書きの見出しは記号を付けて見やすくします。

→p.85

図形の挿入

補足事項を別枠(図形)で表示しています。関心を持たせるのに効果的です。

→p.92

テーマを選択して全体のデザインを統一する

テーマには、配色やフォント、効果の要素を組み合わせたデザインが登録されています。
テーマを設定したあとに、個別にカスタマイズすることもできます。

1 テーマを選ぶ

[デザイン]タブ❶の[ドキュメントの書式設定]グループの[テーマ]をクリックして❷、[飛行機雲]をクリックします❸。

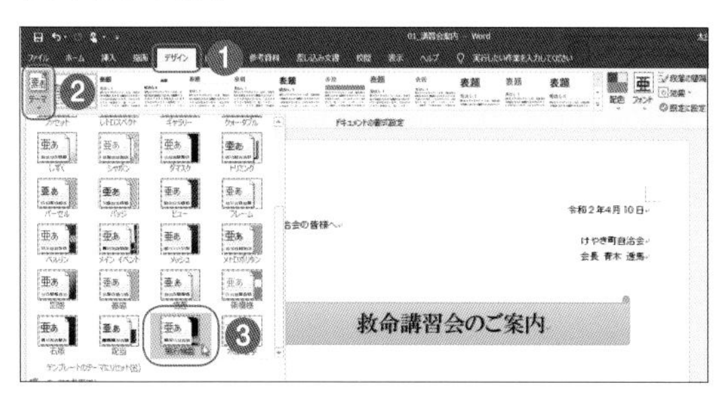

2 テーマが設定される

手順①で選択したテーマが適用されます。

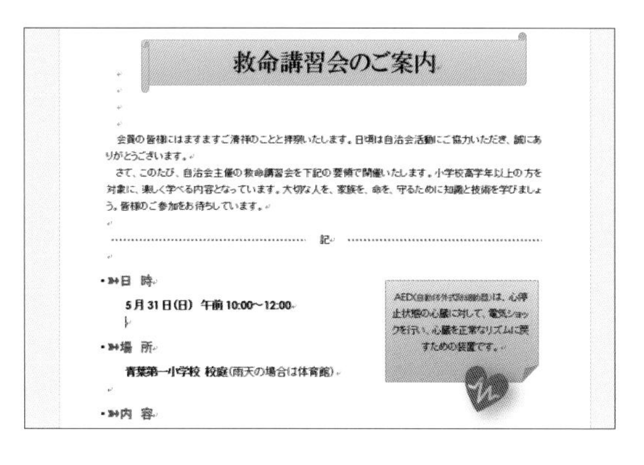

3 効果のテーマを選ぶ

[デザイン]タブ❶の[ドキュメントの書式設定]グループの[効果]をクリックして❷、[上側に影付き]をクリックします❸。

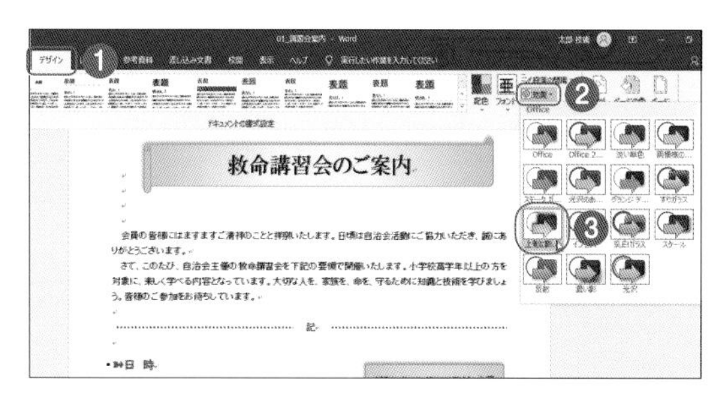

4 図形の効果が変更される

図形の効果が変更されます。

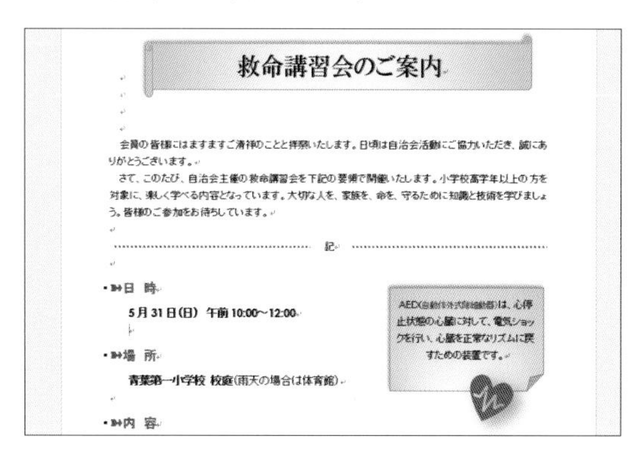

ひとくちメモ

テーマの設定

テーマを設定するには、[ホーム]タブの[フォント]や[フォントの色]で、[テーマのフォント]や[テーマの色]を設定しておく必要があります。

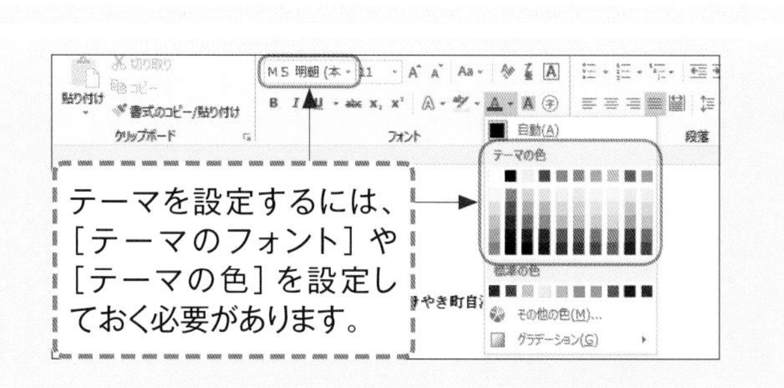

スタイルを統一した見開きページの文書をつくる

先頭位置を揃えて整然とした会の規約

規約や契約書のような書類は、見出しにメリハリを付け、
各段落の先頭を揃えて読みやすくしましょう。

網かけの設定

見出しに網かけを設定し、スタイルに登録します。

けやき町自治会規約

第1章　総則

第1条（目的）
　本町内会は、会員相互の親睦と福祉の増進を図り、地域課題の解決等に取り組むことにより、住みよい地域社会の形成に資することを目的とする。

第2条（名称）
　本町内会はけやき町自治会（以下「本町内会」という）と称する。

第3条（区域）
　本町内会の区域は、新宿区神楽坂上1丁目1番地から神楽坂上8丁目までの区域とする。

第4条（主たる事務所）
　本町内会の主たる事務所は、東京都新宿区神楽坂上1丁目1番1号に置く。

第5条（事業）
　本町内会は、第1条の目的を達成するための事業を行う
　(1)　区域内住民の親睦と町内会の発展に関すること
　(2)　回覧の回付等、区域内の住民相互の連絡に関すること
　(3)　美化、清掃等、区域内の環境整備に関すること
　(4)　防災、防犯、交通安全に関すること
　(5)　その他、目的を達成するために必要なこと

第6条（会員）
　第4条に定める区域に住所を有する個人の自治会員（以下「会員」という。）をもって構成する。
　2.　本町内会へ入会及び退会しようとする者は、町内会長に届け出るものとする。
　3.　本町内会へ入会及び退会の届け出があったときは、正当な理由なくこれを拒んではならない。

インデントの設定

字下げする位置にインデントを設定して、どの段落でも同じ位置で揃うようにします。

→p.84

見開きページの設定

見開きページを指定して、外側と内側の余白を設定します。

→p.21

外側の余白

　(1)　第3条に定める区域内に住所を有しなくなった場合
　(2)　本人より退会届が町内会長に提出された場合
　2.　本人が死亡または失踪宣告を受けたときは、その資格を喪失する。

第2章　役員

第9条（役員の種別）
　本町内会に次の役員を置く。
　(1)　会長　　1名
　　　副会長　3名
　(2)　会計　　2名
　(3)　部長　　各部1名
　(4)　監事　　2名
　(5)　顧問　　1名

第10条（役員の選任）
　会長、副会長、会計及び監事は、総会において、会員の中から選任する。
　2.　部長は、各部の会員の中から、互選により選出する。
　3.　監事は他の役員と兼ねることはできない。

第11条（役員の職務）
　会長は、本町内会を代表し、会務を総括する。
　2.　副会長は、会長を補佐し、会長に事故あるときまたは会長が欠けたときは、会長があらかじめ指名
……る。
……会計事務に関する帳簿書類を管理する。
……、会務執行の状況を監査する。
……ずる。
……妨げない。
……任者の残任期間とする。
……ても、後任者が就任するまでは、その職務を行わなければ

内側の余白

第3章　総会

第14条（総会の構成）
　総会は、全会員をもって構成する。

第15条（総会の種別）
　総会は、通常総会及び臨時総会の二種とする。
　2.　通常総会は、毎年5月に開催する。
　3.　臨時総会は、会長が必要と認めたとき、または全会員の3分の1以上、もしくは監事から会議の目的たる事項を示して請求があったときに開催する。

第16条（総会の招集）
　総会は、町内会長が招集する。
　2.　総会を招集するときは、会員に対し、会議の目的、内容、日時及び場所を示して、会議の20日前までに通知しなければならない。
　3.　前条第3項の規定による請求があったときは、その請求のあった日から20日以内に臨時総会を招集しなければならない。

第17条（総会の審議事項）
　総会は、次の事項を審議し、議決する。
　(1)　事業計画及び事業報告に関する事項
　(2)　予算及び決算に関する事項
　(3)　役員の選任及び解任に関する事項
　(4)　規約の変更に関する事項
　(5)　その他、町内会の運営に必要な重要事項に関すること

第18条（総会の議長）
　総会の議長は、その総会において、出席した会員の中から選出する。

第19条（総会の定足数）
　総会は、全会員の2分の1以上の出席がなければ開催することができない。ただし、委任状を提出した会員は、出席者とみなすものとする。

第20条（総会の議決）
　総会の議事は、出席した会員の過半数をもって決し、可否同数のときは、議長の決するところによる。

ポイント

タブの設定

Tab キーを押して、文字と文字の間にタブを挿入し、文字の頭を揃えます。

網かけを設定してスタイルに登録する

見出しの段落に網かけを設定します。設定した書式をスタイルに登録すると、
ほかの段落にすばやく適用できます。

1 [ページ罫線]を選ぶ

スタイルを設定する見出しをクリックして❶、[デザイン]タブ❷の[ページの背景]グループの[ページ罫線]をクリックします❸。

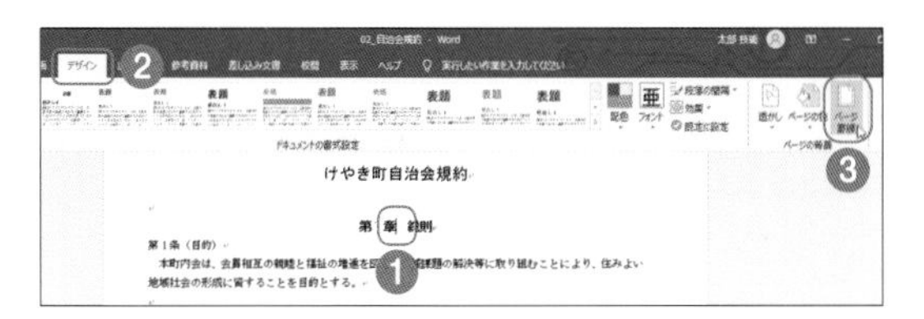

2 網かけを設定する

[線種とページ罫線と網かけの設定]ダイアログボックスの[網かけ]タブ❶の[背景の色]で、任意の色を選択します❷。[設定対象]で[段落]を選択して❸、[OK]をクリックします❹。

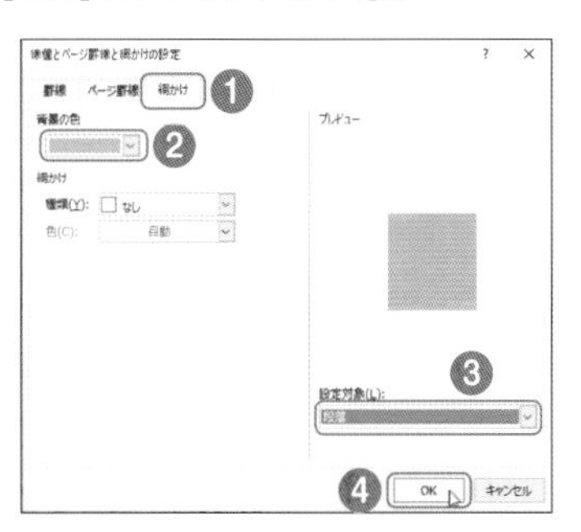

3 [スタイルの作成]を選ぶ

書式が設定された段落にカーソルを置き❶、[ホーム]タブ❷の[スタイル]グループの[その他]▽をクリックして、[スタイルの作成]をクリックします❸。

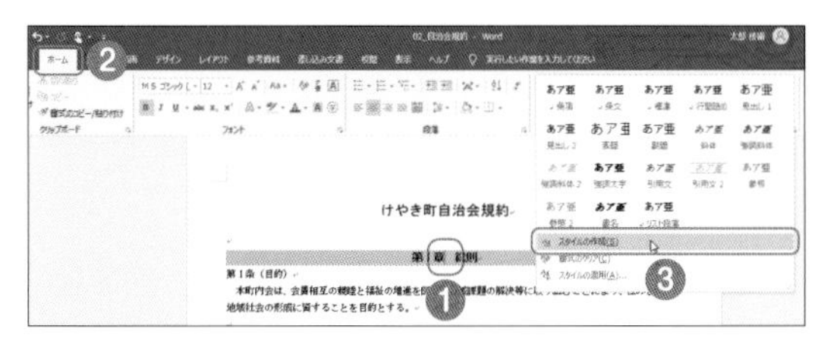

4 スタイル名を付ける

[書式から新しいスタイルを作成]ダイアログボックスの[名前]にスタイルとして登録する名前を入力して❶、[OK]をクリックします❷。

5 スタイルを適用する

スタイルを適用したい段落にカーソルを移動して❶、[ホーム]タブのスタイルギャラリーから作成したスタイルをクリックします❷。

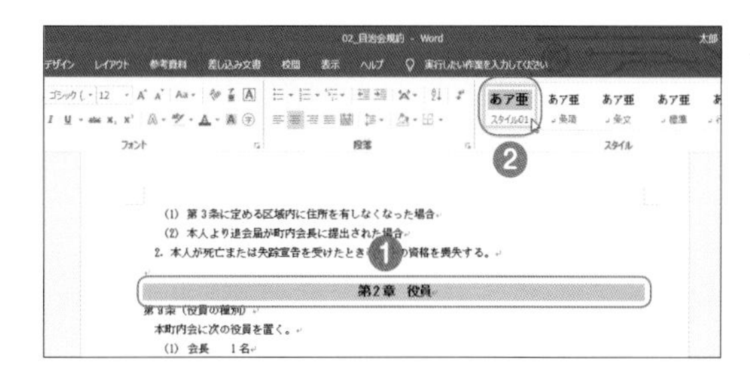

ひとくちメモ

見開きページの設定

長文の文書を印刷するときは、見開きで両面印刷すると効率的です。[ページ設定]ダイアログボックスを表示して(p.81参照)、[余白]タブの[印刷の形式]で[見開きページ]を選択し、[余白]欄の外側と内側の数値を指定して、[OK]をクリックします。

わかりやすい案内文書と提出しやすい申込用紙

切り取り線とはさみの絵文字を入れた申込書

申込書や出欠届などは、案内文書の下に用意して、
切り取って提出してもらうようにすると便利です。

2020年8月1日

けやき自治会 会員各位

けやき町自治会会長 青木 透馬

～秋の収穫祭～

日帰りバス旅行のご案内

会員の皆様にはますますご健勝のこととお慶び申し上げます。日頃は自治会活動にご協力
ことにありがとうございます。

さて、秋のバス旅行が決定しましたので、ご案内いたします。今年は～秋の収穫祭～とし
を堪能する旅を企画しました。子どもから大人まで楽しめるイベントとなっております。
てのご参加をお待ちしております。

なお、参加されるご家族は、下記の参加申込書に必要事項をご記入のうえ、行事担当 多田
8月22日（土）までにご提出ください。

日　　時：2020年9月12日（土） 9:30～20:00（予定）　雨天決行
目 的 地：九十九里 風太農園
集合場所：けやき中央公民館前　午前9：00集合
参 加 費：大人　3,500円　　子ども　500円
連 絡 先：行事担当　多田　有希 TEL 03-1234-0000

ゲーム大会！
国産松茸、新米など、お楽しみの景品付きです。

✂ キリトリ ✂

秋の収穫祭 日帰りバス旅行参加申込書

参加者名（大人）	
参加者名（子ども）	
住　　所	
電話番号	

やってみよう

オンライン画像の挿入

オンラインからイメージに合った画像を検索して挿入し、サイズと位置を調整します。

ポイント

表の挿入

4行2列の表を作成して列幅を調整し、罫線の色を変更します。

→p.98

ポイント

特殊文字の挿入

挿入した図形（点線）の上にテキストボックスを挿入して[枠線なし]にし、文字と絵文字を挿入します。

→p.88・89

オンラインからイラストを検索して挿入する

イラストや写真をオンラインで検索して挿入することができます。
著作権に注意して、使用フリーのものを選びましょう。

1 ［オンライン画像］を選ぶ

画像を挿入する位置をクリックして❶、［挿入］タブ❷の［図］グループの［オンライン画像］をクリックします❸。

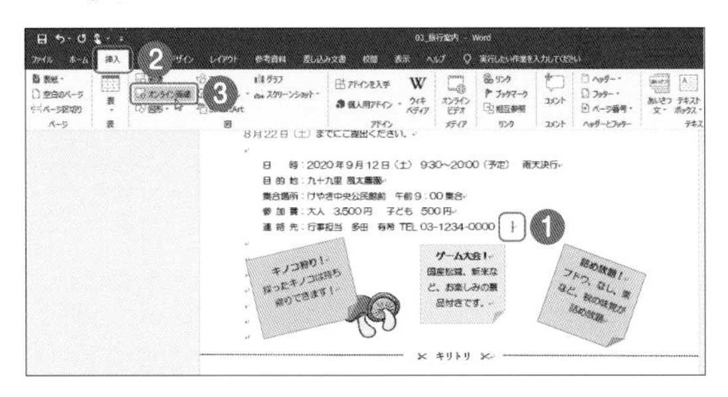

2 イラストを検索する

［オインライン画像］（Word 2016/2013では［画像の挿入］）ダイアログボックスにキーワードを入力して❶、Enter キーを押します。

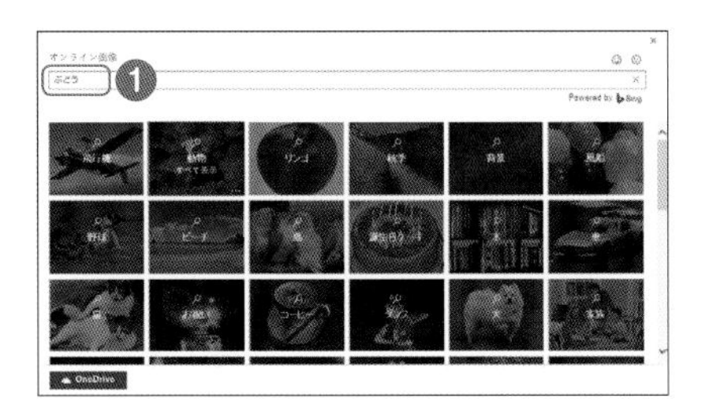

3 イラストを挿入する

検索結果の一覧から目的に合ったイラストをクリックして❶、［挿入］をクリックします❷。

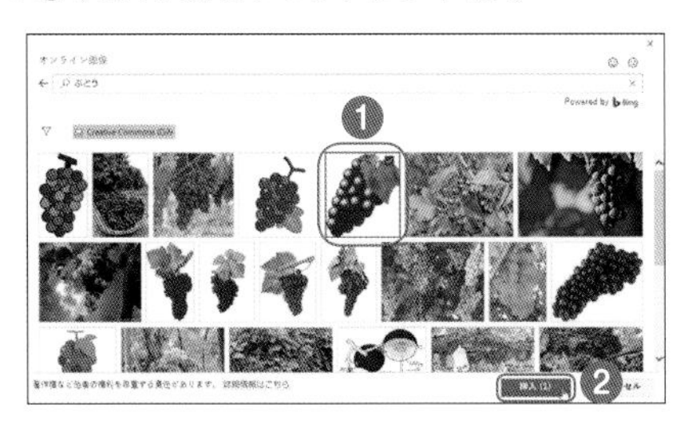

4 イラストのサイズを調整する

挿入したイラストの周囲に表示されているサイズ変更ハンドル○をドラッグして、サイズを調整します❶。

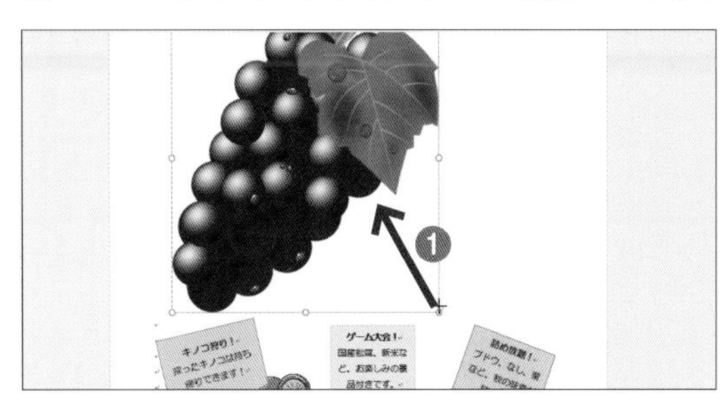

5 イラストを前面に配置する

イラストの右上に表示されている［レイアウトオプション］をクリックして❶、［文字列の折り返し］欄の［前面］をクリックします❷。

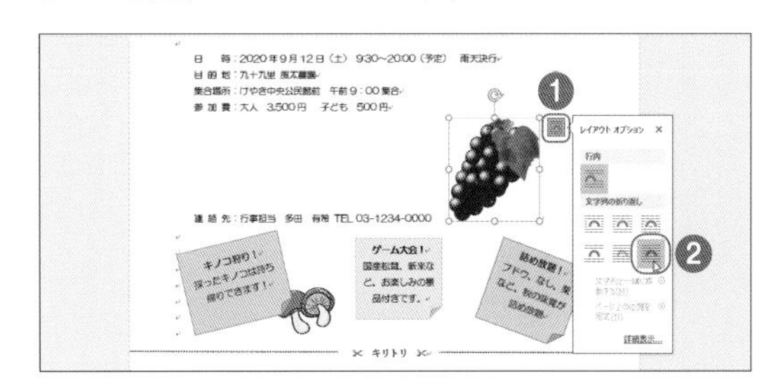

6 位置を調整する

イラストにマウスポインターを合わせ、マウスポインターの形が に変わった状態でドラッグして移動します❶。

「いつどこで何をするか」をわかりやすく表示する

箇条書きで見やすい案内文書

案内文書で重要なことは、内容をきちんと伝えることです。
重要な項目は見やすく、かつ目立たせるようにしましょう。

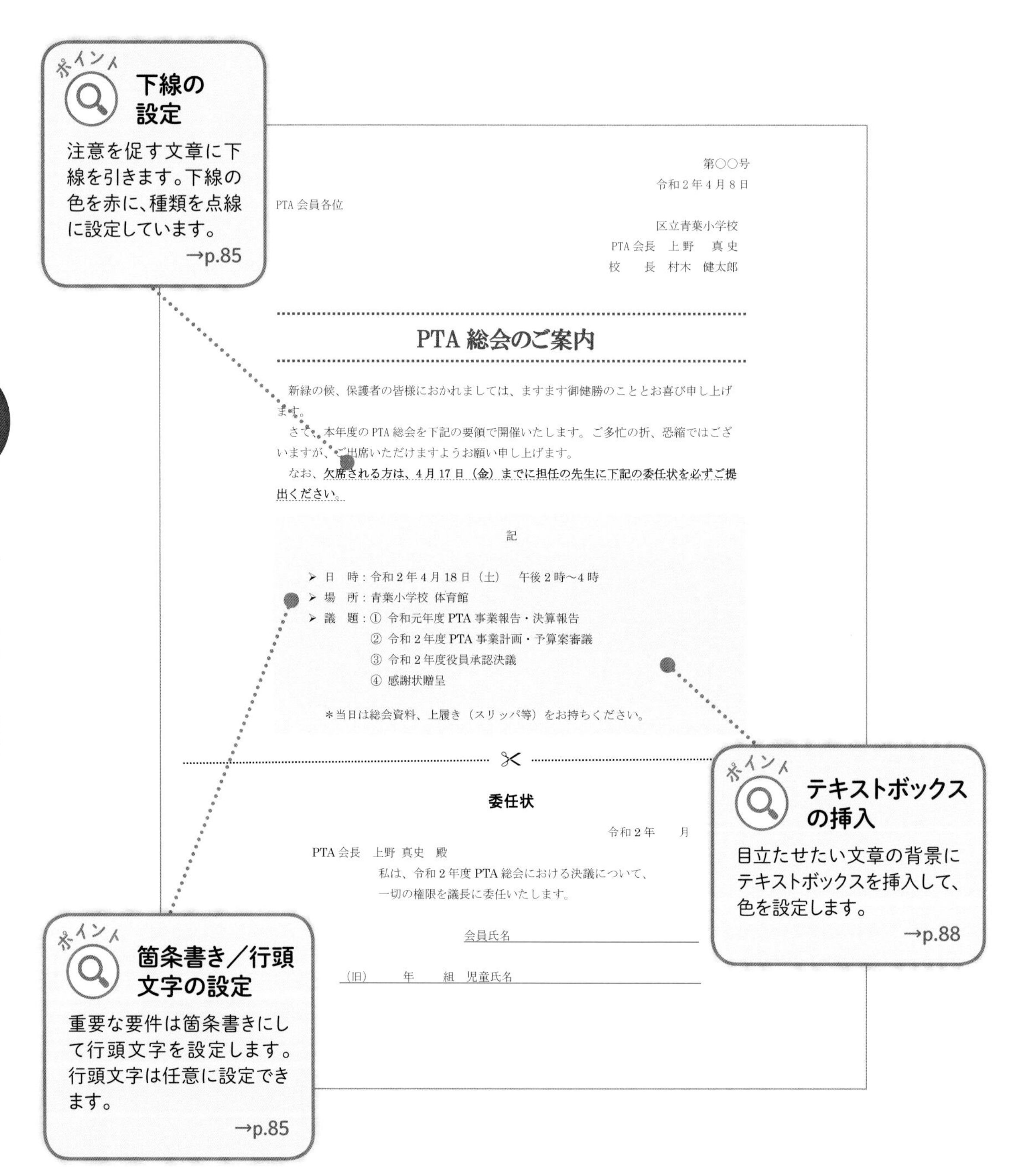

日時と場所をしっかり強調

重要な用件を目立たせた美化活動のお知らせ

協力や参加を呼びかける場合は、
目的と日時・場所の用件がひと目でわかるようにデザインしましょう。

注意を促すには赤色を使うのが効果的

重要な情報を強調した停電のお知らせ

重要なお知らせは、目立たせる工夫が必要です。
図形や色を使って、注意を引くような文面に仕上げましょう。

図形と文字の組み合わせ

図形を挿入して、塗りつぶしと枠線の色、効果を設定し、文字を目立たせます。

令和2年4月3日

自治会 会員各位

けやき町自治会 環境部

停電のお知らせ！

このたび、当自治会会館の電気設備点検のため、下記の日時にて停電となりま
ご不便をおかけして申し訳ありませんが、ご協力のほど、よろしくお願いしま

ポイント

テキストボックスの挿入

テキストボックスを挿入して、枠線のスタイルと色を変更します。

→p.88

停電日時

4月15日（水）

午後2時 ～ 午後4時

★停電 15 分前および送電再開後にビル管理室より、その旨の全館一斉放送があります。
★エレベーターは使用できませんので、ご注意ください。

★お問い合わせ先★
ビルメンテナンス　03-1234-0000

文字の効果

文字列に下線と影を設定します。

→p.85・90

図形と文字を組み合わせて目立たせる

図形を挿入して、図形の塗りつぶしと枠線の色、効果を設定し、文字を入力します。
図形の形状は自由に変更できます。

1 図形を選ぶ

［挿入］タブ❶の［図］グループの［図形］をクリックし❷、［星:32pt］(Word 2013では［星32］)をクリックします❸。

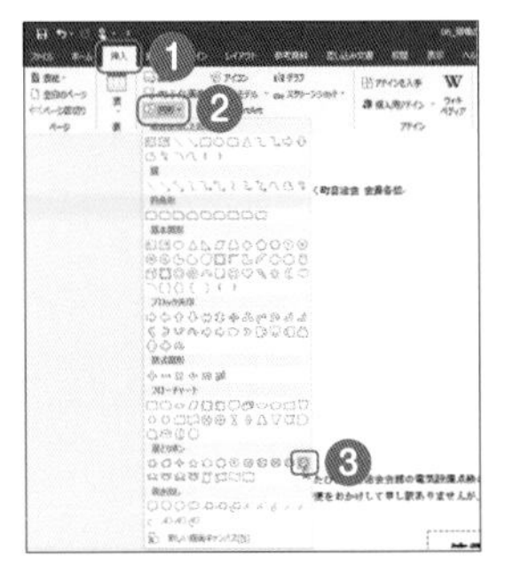

2 図形を描いて色を変更する

マウスポインターの形が＋に変わった状態で、対角線上にドラッグして、図形を描きます❶。図形を選択した状態で、［書式］タブ❷の［図形のスタイル］グループの［図形の塗りつぶし］をクリックして❸、一覧から任意の色をクリックします❹。

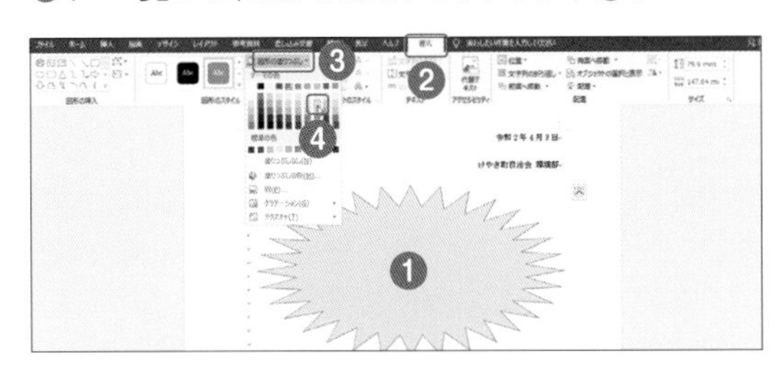

3 図形の枠線の色を変更する

［書式］タブ❶の［図形のスタイル］グループの［図形の枠線］をクリックして❷、一覧から任意の色をクリックします❸。

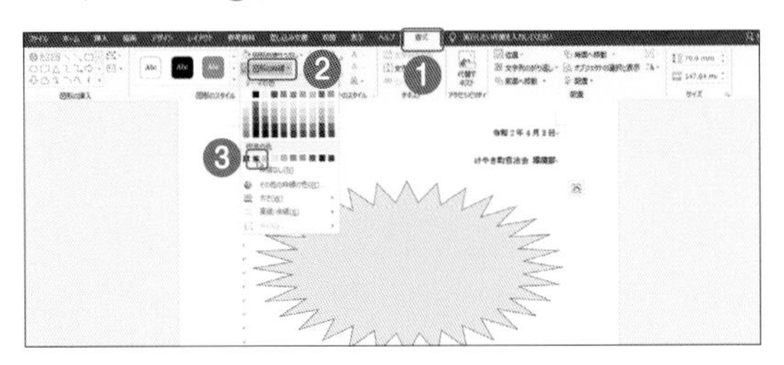

4 図形に効果を付ける

［書式］タブ❶の［図形のスタイル］グループの［図形の効果］をクリックして❷、［光彩］にマウスポインターを合わせ❸、任意の光彩をクリックします❹。

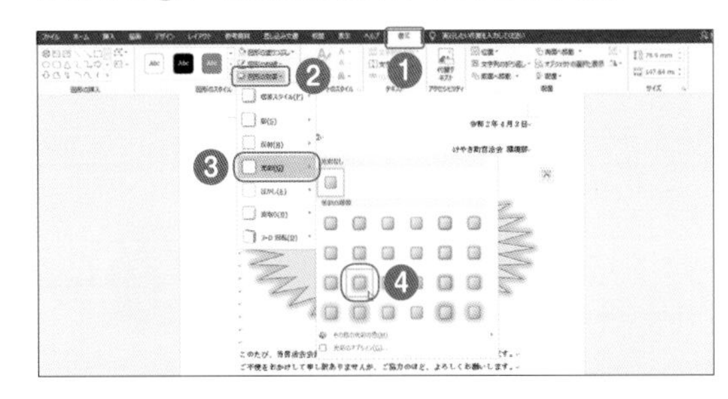

5 図形の形状を変更する

図形をクリックして、調整ハンドル をドラッグし❶、図形の形状を変更します。

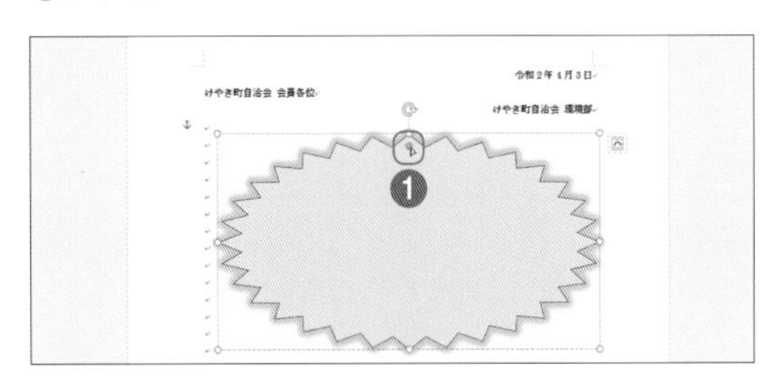

6 図形に文字を入力する

図形を選択した状態で文字を入力し、フォントサイズやフォント、行間を設定します❶。回転ハンドル をドラッグして❷、任意の角度に回転します。

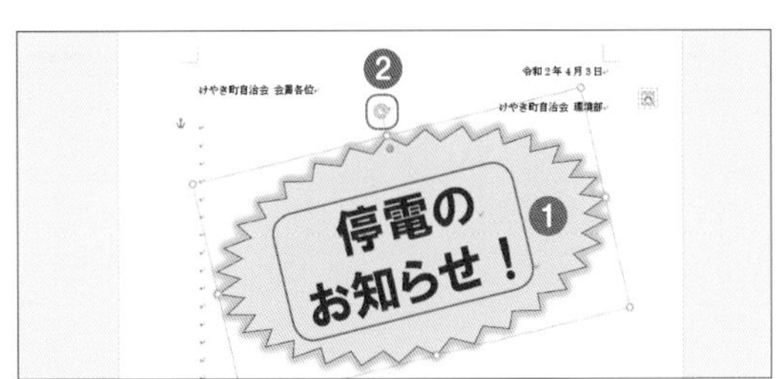

印が押せる枠をかんたんな表でつくる

表を挿入して捺印欄をつくった回覧板

回覧には捺印欄が付きものです。表を挿入して行の高さを調整し、捺印欄を作成します。

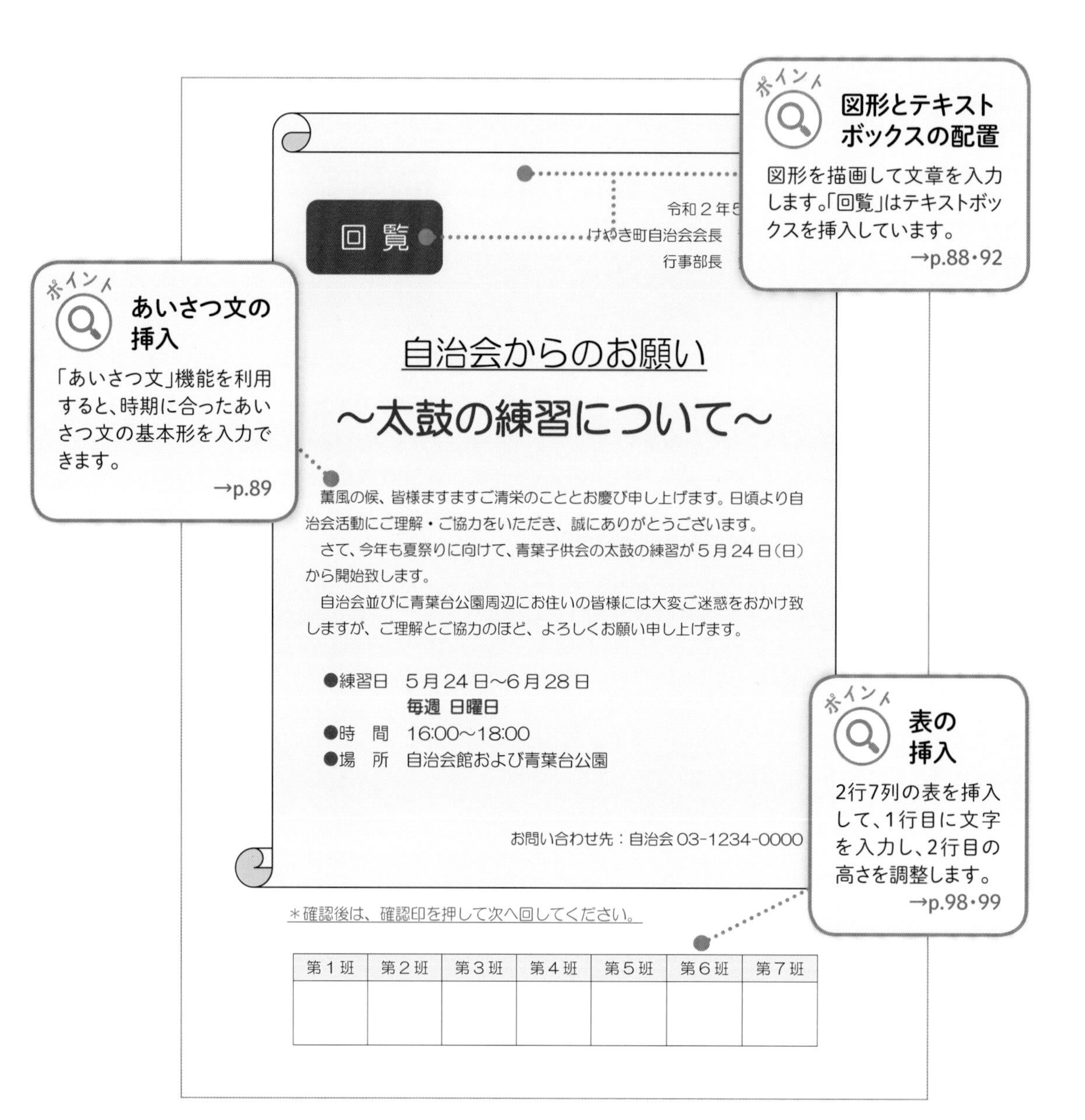

第１班	第２班	第３班	第４班	第５班	第６班	第７班

文書内容に邪魔にならずに目立たせる

透かし文字で特別な印象を持たせたお知らせ

重要な文書も、大きな文字や色文字だけでなく違った見せ方も必要です。透かし文字は文書に邪魔にならずに目立たせることができます。

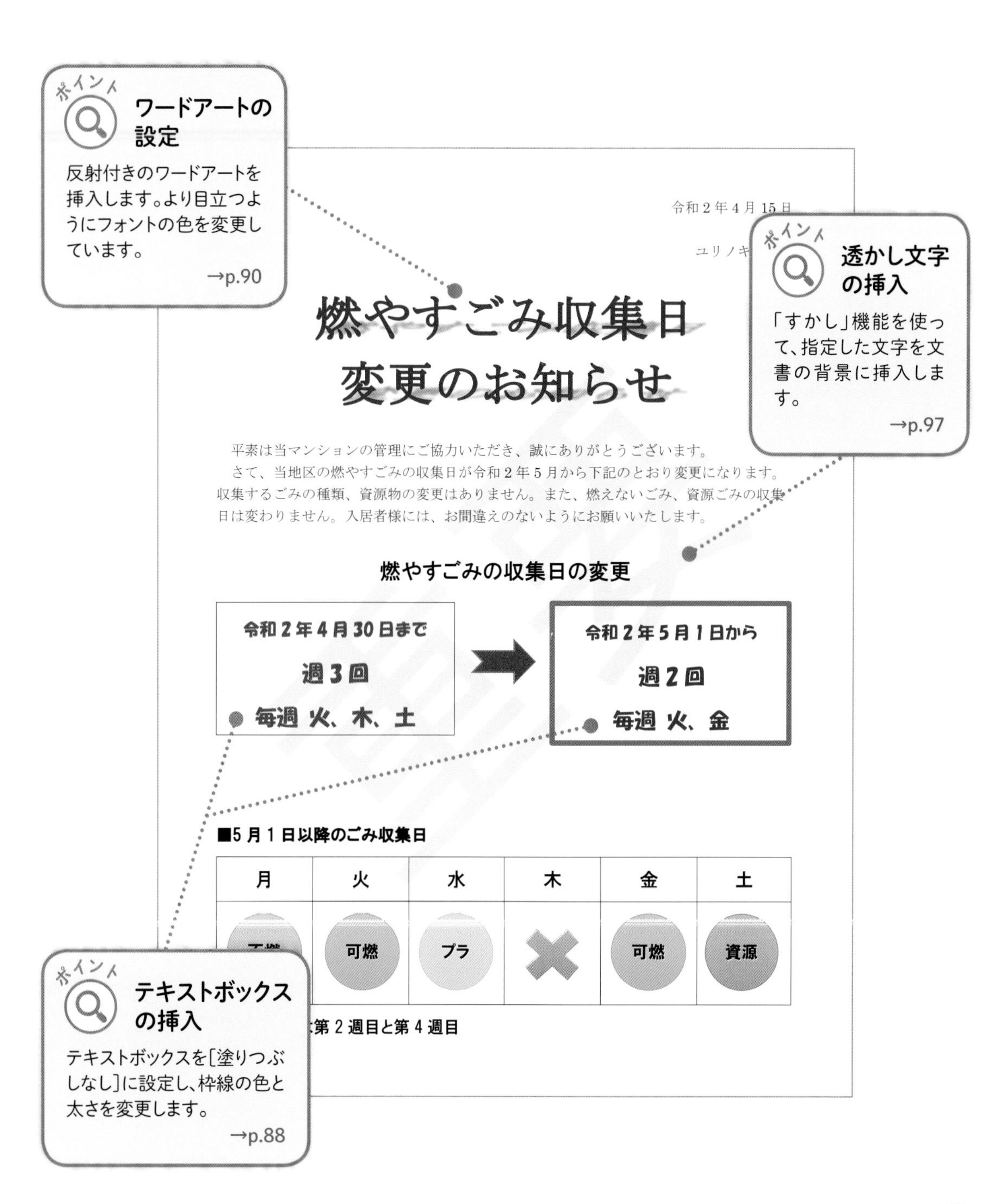

図形とテキストボックスを使って地図をつくる

地図を使って避難場所を示す案内文書

目的地までの地図は、わかりやすい目印を配置するのが肝心です。
ワードの図形描画機能を使って、覚えやすい地図を作成しましょう。

さくら坂町自治会の皆様へ

避難訓練実施のお知らせ

さくら坂町自治会会長

会員の皆様にはますますご清祥のことと推察いたします。日頃は自治会活動にご協力いただきまことにありがとうございます。
さて、自治会主催の避難訓練を下記の要領で実施いたします。いざというときに備えてご参加くださいますようお願いいたします。

■日時：５月３１日（日）１０時　雨天決行

午前10時にサイレンが鳴ります。サイレンが鳴ったら放送内容を確認のうえ、各自歩いて避難場所まで避難してください。車いす等の方は、事前にご相談ください。

■避難場所：欅台公園（地図参照）

■その他

避難場所で消火器の使用方法の講習や、非常食の試食など、災害後を想定してその対応を学びます。

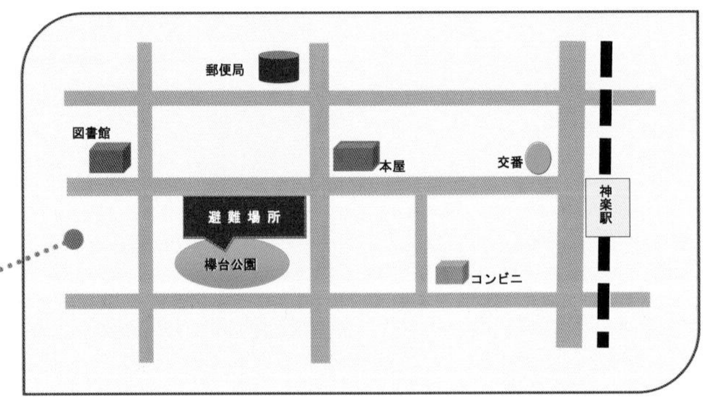

お問い合わせ先：さくら坂町自治会　03-1234-0000

ポイント　保存された画像の挿入

パソコンに保存している画像を挿入して、色を変更し、文章の背面に配置します。

→p.91・92

ポイント　図形のグループ化

複数の図形を作成してそれぞれを塗りつぶし、グループ化してタイトルの背面に配置します。

→p.92・96

ポイント　地図の作成

図形とテキストボックスで建物や名称を示し、直線の太さやスタイルで道路や線路を表現します。完成したらグループ化します。

→p.117

ラベル機能を利用して大量作成できる

すぐに使える オリジナルの領収証

大人数が参加する会には大量の領収証が必要になる場合があります。
ひな形を作成しておけば、必要なときにいつでも使用できます。

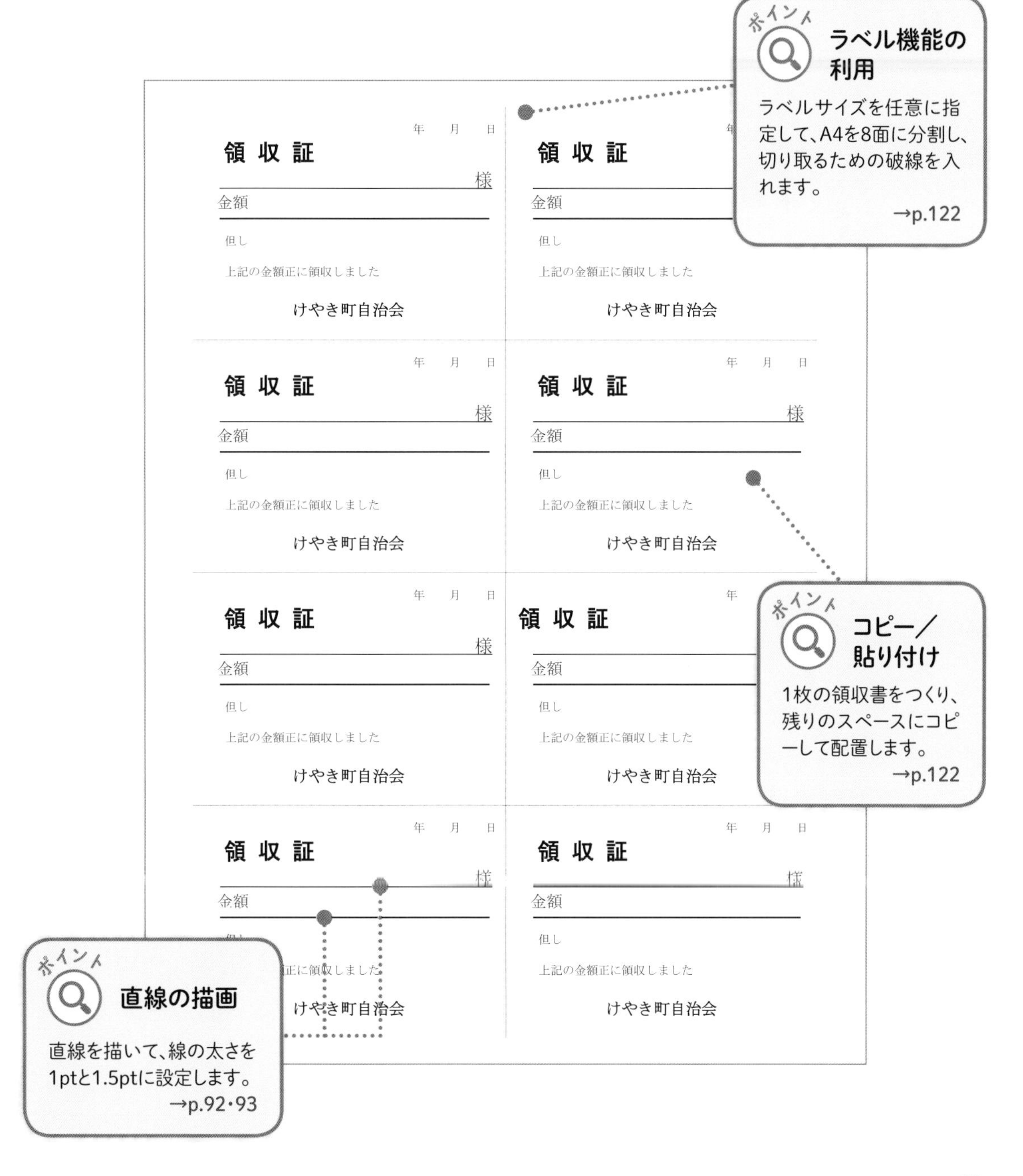

テンプレートからオリジナルの送付状をつくる

1枚あると便利なFAX送付状

FAX送付状や書類送付状などは、1枚定番として用意しておくと、誰でも同じ書式で発信ができるので便利です。

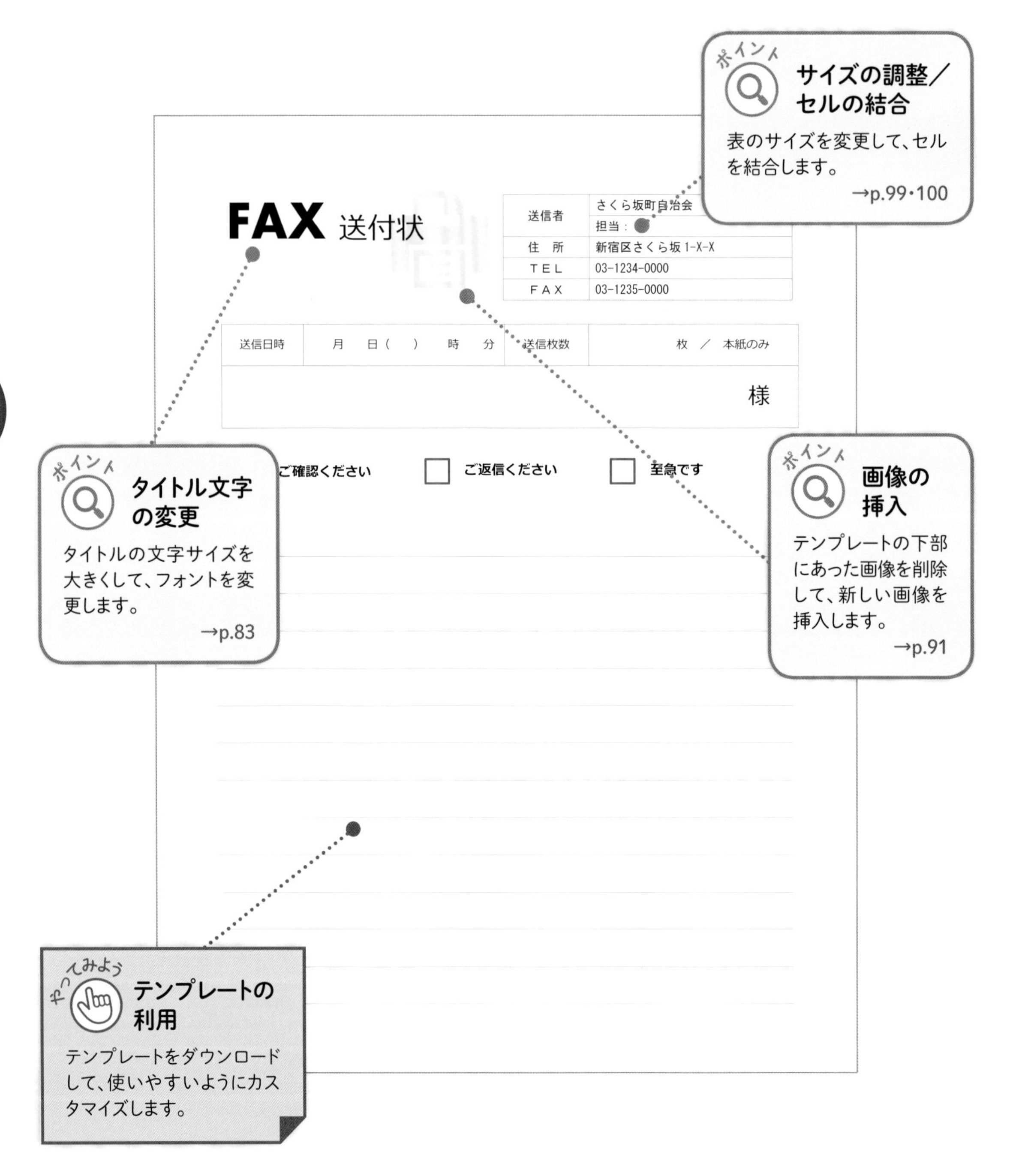

最適なテンプレートをダウンロードして編集する

Office.comには、たくさんのテンプレートが豊富に用意されています。
目的に合ったものをダウンロードして、使いやすいように編集します。

1 テンプレートを検索する

［ファイル］タブの［新規］をクリックして❶、［オンラインテンプレートの検索］欄に「fax」と入力し❷、［検索の開始］🔍をクリックします❸。

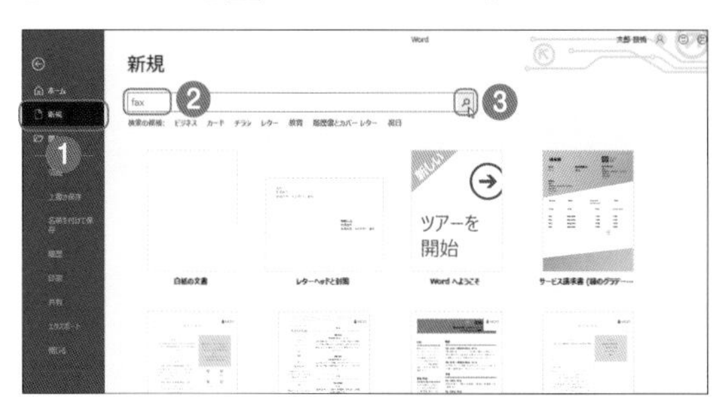

2 テンプレートを選ぶ

FAXのテンプレートが検索されるので、利用したいテンプレートをクリックします❶。

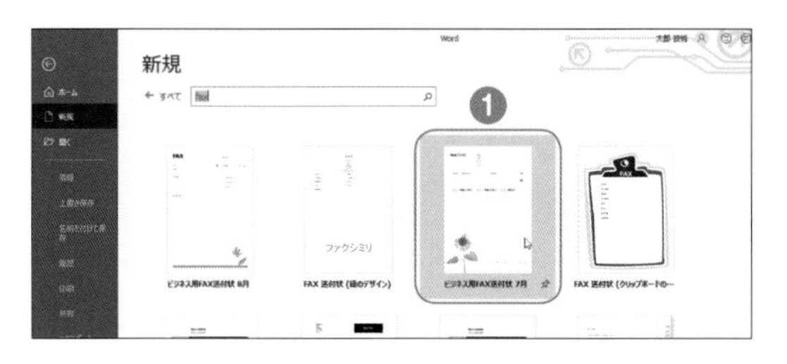

3 テンプレートをダウンロードする

テンプレートのプレビューが表示されるので、［作成］をクリックします❶。

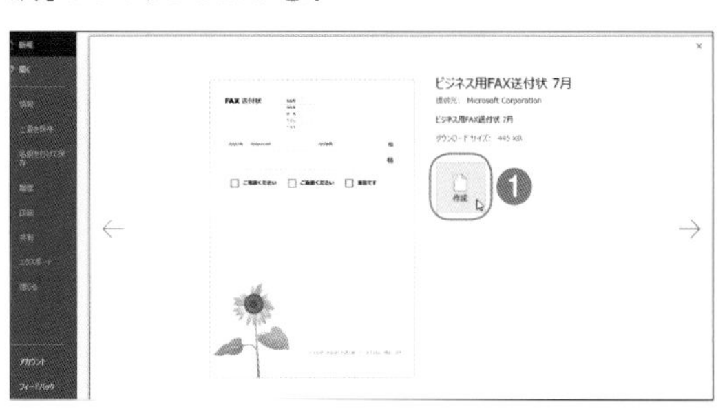

4 新規文書が表示される

テンプレートがダウンロードされ、新規文書に表示されます。

5 表を調整する

表のサイズを変更して、セルを結合し、必要な文字を入力します❶。送信日時と送信枚数欄も使いやすいように変更します❷。

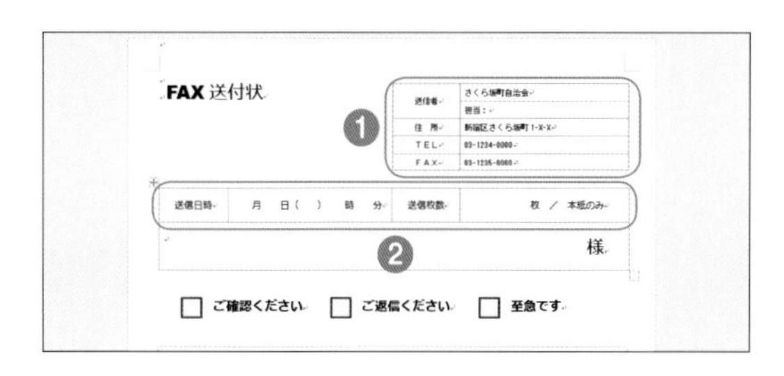

6 タイトル文字を変更する

タイトルの文字サイズとフォントを変更して❶、パソコンに保存されている画像を挿入します❷。テンプレートの下部に挿入されていた画像は削除して、罫線を伸ばします。

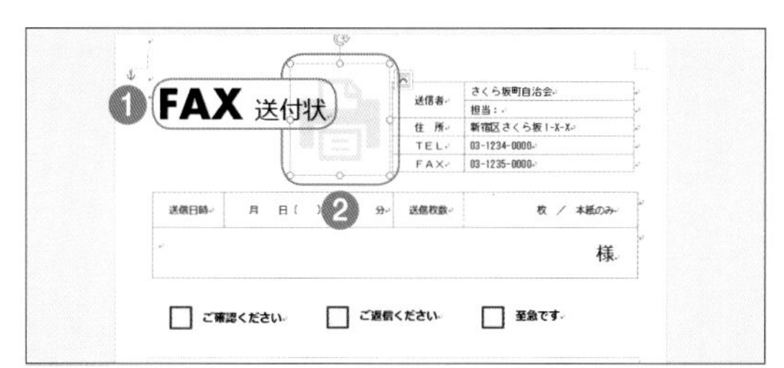

表の数値をもとに計算する

かんたんな計算機能を利用した収支報告書

ワードでも、表の数値をもとに計算式をつくることができます。
四則演算や合計を計算するSUM関数などが利用できます。

ポイント
罫線と網かけ
タイトルの段落を罫線で囲み、網かけを設定します。
→p.21

日帰りバス旅行　収支報告書

先日は日帰りバス旅行へのご参加ありがとうございました。キノコ狩りやゲームなど盛りだくさんでしたが、いかがでしたでしょうか？
さて、日帰りバス旅行の収支を下記のとおりご報告いたします。
来年もまた楽しい旅行を企画しますので、ご要望、ご希望などをお聞かせください。

◆収　入

項　目		人数（人）	単価（円）	金額（円）	備　考
参加費	大人	88	3,500	308,000	
	子ども	12	500	6,000	小学生
自治会支援金				100,000	
寄付金				25,000	5件
前年繰越金				18,500	
合　計				457,500	

やってみよう
計算式の挿入
計算式を利用してかけ算を、関数を利用して合計を計算します。

◆支　出

項　目		人数（人）	単価（円）	金額（円）	備　考
交通費				115,000	バス貸切、高速料
入園料	大人	88	900	79,200	団体割引
	子ども	12	400	4,800	
昼食代	大人	88	1,500	132,000	青海ホテル
	子ども	12	850	10,200	
車内飲食費				60,000	
ゲーム材料費				8,500	
通信費				7,500	切手、電話代など
雑費				6,500	
合　計				423,700	

次回繰越金　33,800円

令和2年10月5日
けやき町自治会会長　青木　透馬
行事担当　多田　有希

ポイント
表のスタイル
［表のスタイル］から任意のデザインを適用します。
→p.49

セルの位置を確認して計算式を設定する

ワードの「計算式」を利用すると、四則演算や関数を使った計算ができます。
関数は計算をかんたんに求めるための機能です。

1 ［計算式］を選ぶ

計算結果を表示するセルをクリックして❶、表示される［レイアウト］タブ❷の［データ］グループの［計算式］をクリックします❸。

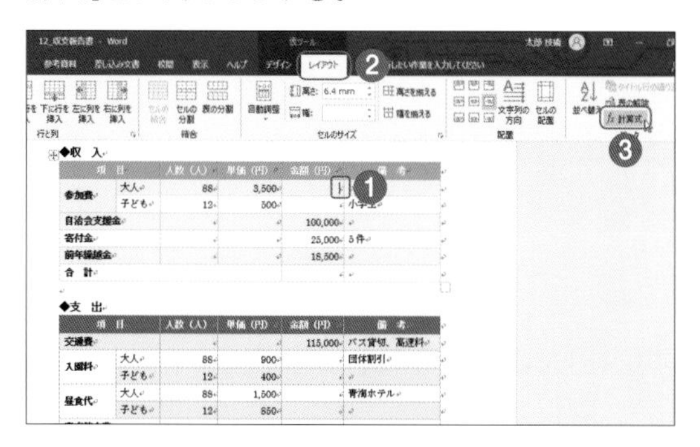

2 計算式を入力する

［計算式］ダイアログボックスの［計算式］に「=C2*D2」を半角で入力します❶。

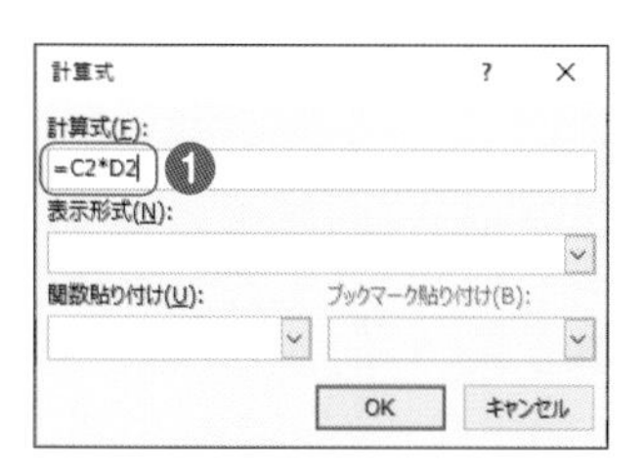

3 表示形式を選ぶ

［表示形式］で「#,##0」を選択し❶、［OK］をクリックします❷。「#,##0」は3桁ごとにカンマが付く形式です。

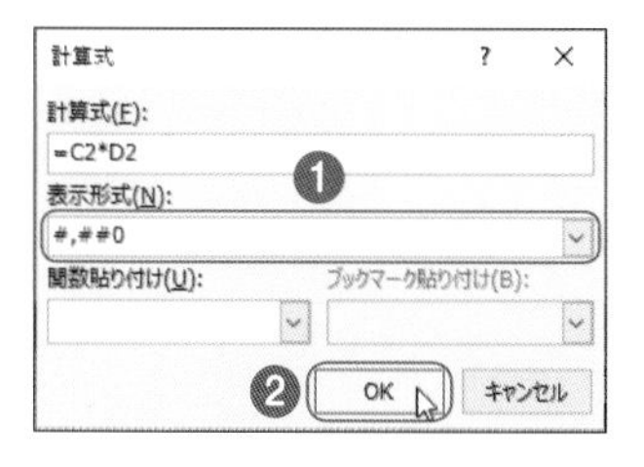

4 計算結果が表示される

計算結果が表示されます。「子ども」の金額も同様の方法で計算します。計算式には「=C3*D3」を入力します。

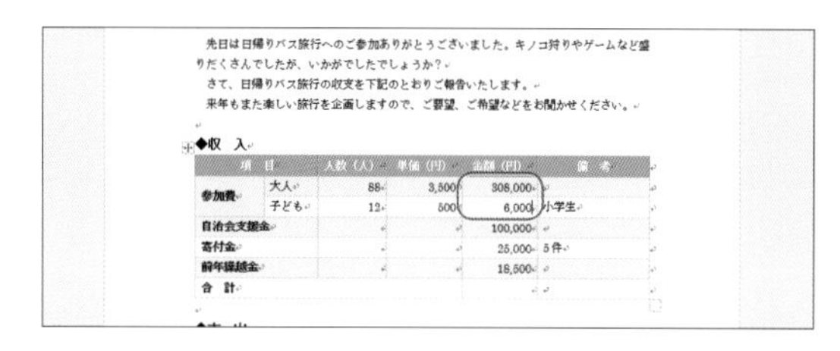

5 関数を使って合計を計算する

計算結果を表示するセルをクリックして、［計算式］ダイアログボックスを表示し、［計算式］に「SUM(ABOVE)」が表示されているのを確認します❶。［表示形式］で「#,##0」を選択して❷、［OK］をクリックします❸。

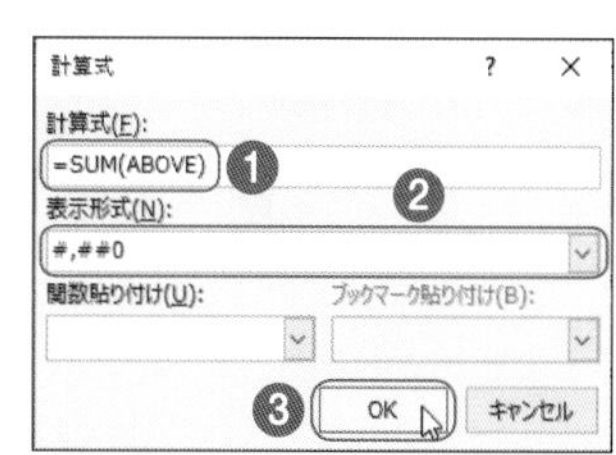

ひとくちメモ

計算式の入力方法

計算式は、最初に必ず「=」を入力してからセルの位置と算術記号を使って入力します。ワードには、エクセルのような列番号や行番号はありませんが、表の行を上から1、2、3…と数え、列は左端からA、B、C…と数えて、セル位置を指定します。

	A列	B列	C列	D列
1行目	A1	B1	C1	D1
2行目	A2	B2	C2	D2
3行目	A3	B3	C3	D3

ひと目で楽しさが伝わるイメージに

イラストや吹き出しを使った花火大会のチラシ

花火のイラストを効果的にちりばめて、吹き出しを配置し、
「夏」のデザイン文字で全体を引き締めます。

吹き出しの挿入

吹き出しを挿入して文字を入力し、スタイルを設定します。

ワードアートの挿入

ワードアートを挿入してフォントを変更し、影を付けています。文字は90%に設定しています。

→p.86・90

●会　場●えび川土手

図形と文字の設定

円の上にテキストボックスに入力した文字を重ねて、文字と円の両方に影を付けています。

→p.88・94

●お問い合わせ●

みずき町花火大会実行員会

電話 03-1234-0000

※小雨決行。大雨の場合は翌日に順延

画像の挿入

パソコンに保存してある画像を挿入して、色やサイズを変更して配置します。

→p.91・92

吹き出しを挿入して文字を入力し、スタイルを設定する

図形の吹き出しを描いて、文字を入力し、図形の色と文字色を変更します。
吹き出しの先端の位置や長さは自由に変更できます。

1 吹き出しを選ぶ

[挿入]タブ❶の[図]グループの[図形]をクリックして❷、[吹き出し:角を丸めた四角形]（ワード 2013では[角丸四角形吹き出し]）をクリックします❸。

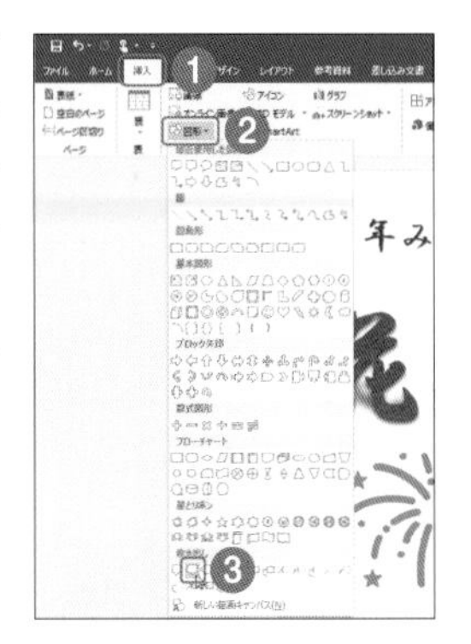

2 吹き出しを描く

マウスポインターの形が＋に変わった状態で、対角線上にドラッグします❶。

3 図形の色を変更する

吹き出しが選択されている状態で[書式]タブ❶の[図形のスタイル]グループの[その他]をクリックして、任意の色をクリックします❷。

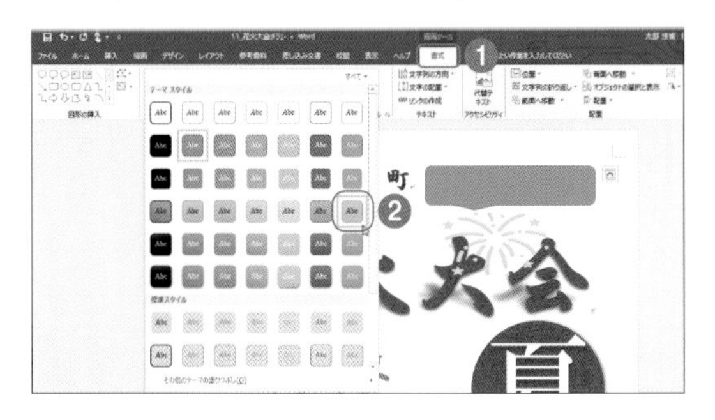

4 文字を入力して書式を設定する

吹き出しが選択されている状態で文字を入力して、[ホーム]タブ❶の[フォント]グループでフォントとフォントサイズ、文字色を変更します❷。

5 吹き出しの先端の位置を変更する

吹き出しの先端にある調整ハンドルをドラッグして、位置を調整します❶。

6 図形を背面に配置する

図形の右上に表示される[レイアウトオプション]をクリックして❶、[文字列の折り返し]欄の[背面]をクリックします❷。図形に表示されている回転ハンドルをドラッグして、回転させます。

写真にスタイルを付けておしゃれに配置する

写真を入れた料理教室の参加者募集ポスター

チラシやポスターに写真が入ると見た目も楽しくなります。
スタイルも豊富に用意されているので、バランスのよいものを選びましょう。

図形内の文字

図形(星とリボン)の中にタイトルを入力して、楽しさを演出します。

→p.27

図形の効果

図形に面取り効果を付けて目立たせます。

→p.94

主催：けやき町自治

夏休み親子料理教室

町内の農家さん提供の安心安全な野菜を使った料理教室です。
今月の料理は、野菜たっぷりのガレットです。ガレットはクレープの一種ですが、今回は特にそば粉でつくるガレットを学びます。また、アレルギーの人でも大丈夫なそば粉、牛乳、卵なしでもできるクレープも一緒に紹介します。
親子そろっての参加をお待ちしております。お父さんも是非ご参加ください。

日　時	6月20(土) 午前10時～午後1時30分
場　所	けやき中央公民館2階　調理室
定　員	親子30組（定員になり次第締め切ります）
費　用	1,000円（1組）
持ち物	上履き、エプロン、三角巾

※申し込み&問合せ先：03-1234-0000 （担当：志田眞木）

写真の挿入とスタイルの設定

写真を挿入して、[図のスタイル]から目的のスタイルを選びます。

牛乳なし、卵なしでつくるクレープ

野菜たっぷりのガレット

写真を挿入してスタイルを設定する

「図のスタイル」を利用すると、写真にさまざまなスタイルを設定できます。
プレビューで確認しながらイメージに合うものを選びましょう。

1 [画像]を選ぶ

写真を挿入する位置をクリックして❶、[挿入]タブ❷の[図]グループの[画像]をクリックします❸。

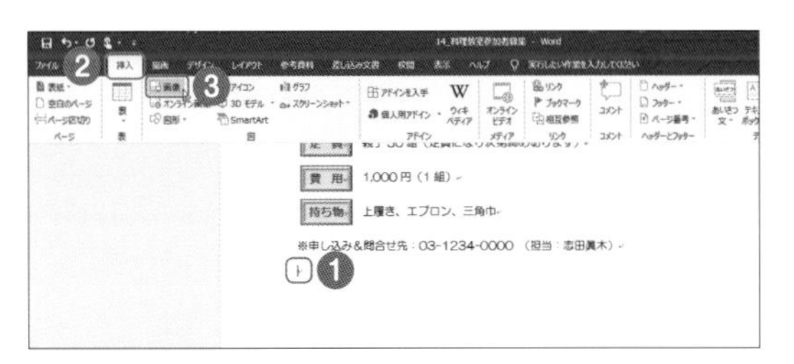

2 写真を挿入する

[図の挿入]ダイアログボックスで写真の保存先を指定して❶、写真をクリックし❷、[挿入]をクリックします❸。

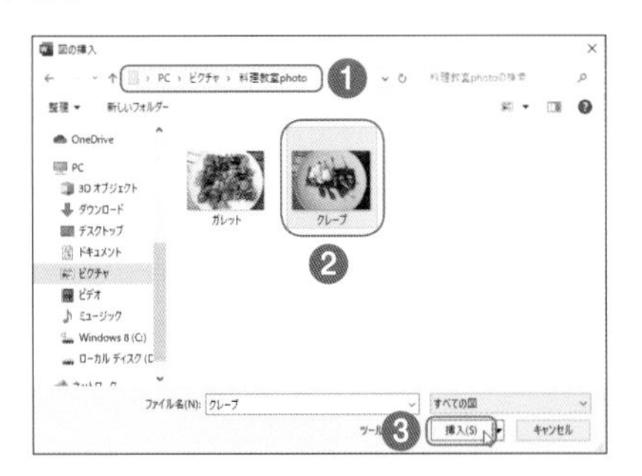

3 サイズを調整する

写真の周囲に表示されるサイズ変更ハンドル○をドラッグして、リサイズを調整します❶。

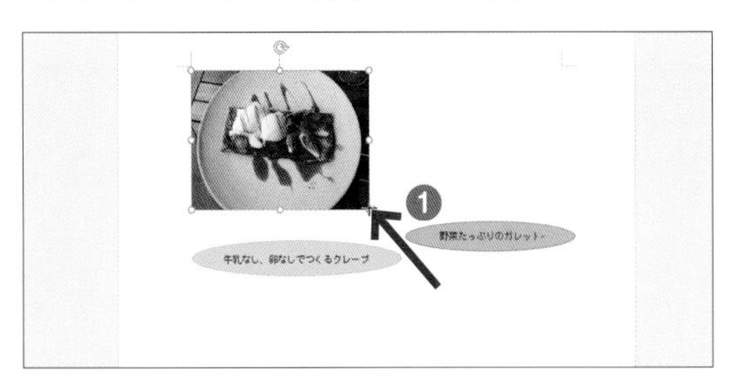

4 写真を前面に配置する

写真の右上に表示される[レイアウトオプション]をクリックして❶、[文字列の折り返し]欄の[前面]をクリックします❷。

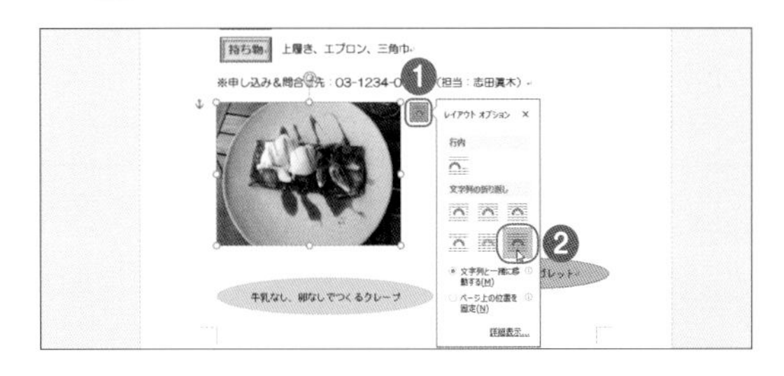

5 スタイルを設定する

[書式]タブ❶の[図のスタイル]グループの[その他]をクリックして、任意のスタイルをクリックします❷。最後に位置とサイズを調整します。

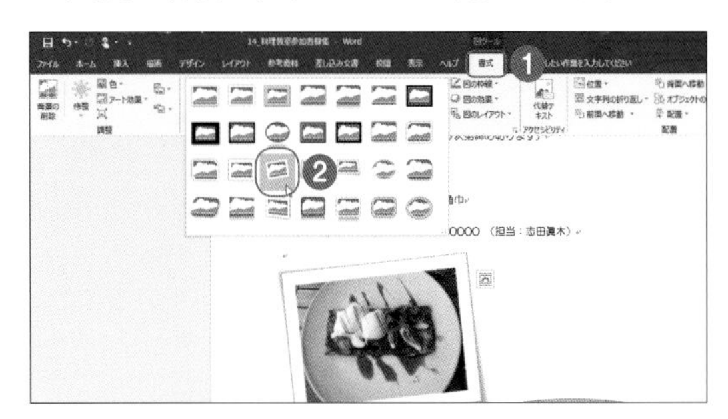

ひとくちメモ

自分で撮影した写真を使おう

写真はオンラインからダウンロードするのではなく、自分で撮影したものを使いましょう。デジタルカメラからパソコンに写真を取り込むには、USBケーブルで接続するか、SDカードなどをパソコンに差し込んで、保存先を指定し、写真を選択します。

楽しいイベントは明るくハッピーにする

タイトルにインパクトを付けたバザーチラシ

ワードアートにグラデーションを付けてタイトルを目立たせます。
コーナーのタイトルも変形させて丸みをつくります。

チャリティバザー

やってみよう **ワードアートの編集**

タイトル文字をワードアートで挿入し、フォントを変更して、グラデーションを設定します。

日付　5月24日（日）

雨天決行

場所　さくら幼稚園

ポイント **画像の挿入**

画像を挿入して、色やサイズを変更し、回転させたり、重ねたりします。

→p.91・92・96

バザーコーナー

リサイクル品、
手工芸品、手作り
お菓子など、
盛りだくさん！

フードコーナー

たこ焼き、焼きそば、とうもろこし、
フランクフルト
など

ヨーヨー釣り、輪投げなど。大抽選会もあるよ！

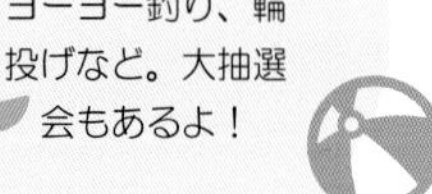

・会場に駐車場はありません。
・バザーの収益金の一部は、震災基金に寄付いたします。

主催：さくら幼稚園 PTA
協力：さくら坂町自治会

ポイント **文字の効果**

ワードアートを挿入して、文字を円形に変形します。

→p.90

ワードアートでタイトル文字を目立たせる

ワードアートを挿入して、フォントとサイズを変更し、
[塗りつぶし(グラデーション)]でバリエーションを付けましょう。

1 ワードアートを選ぶ

ワードアートを挿入する場所をクリックして❶、[挿入]タブ❷の[テキスト]グループの[ワードアート]をクリックし❸、任意のスタイルをクリックします❹。

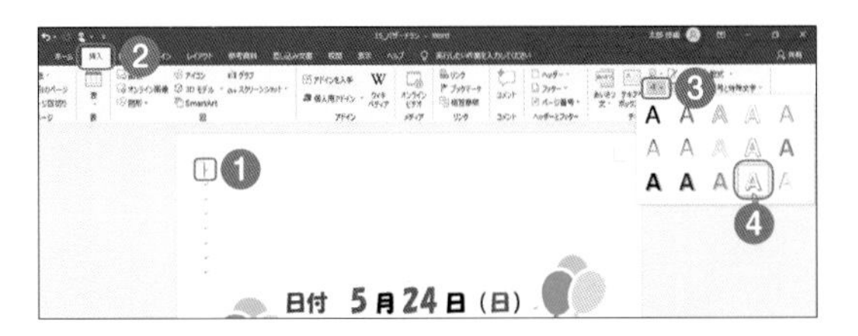

2 [ワードアート]が挿入される

ワードアートが挿入され、「ここに文字を入力」と表示されます。

3 文字を入力して書式を設定する

文字を入力して、フォントとフォントサイズを変更します❶。[段落]グループの[拡張書式]をクリックして❷、[文字の拡大/縮小]にマウスポインターを合わせ❸、「80%」をクリックします❹。

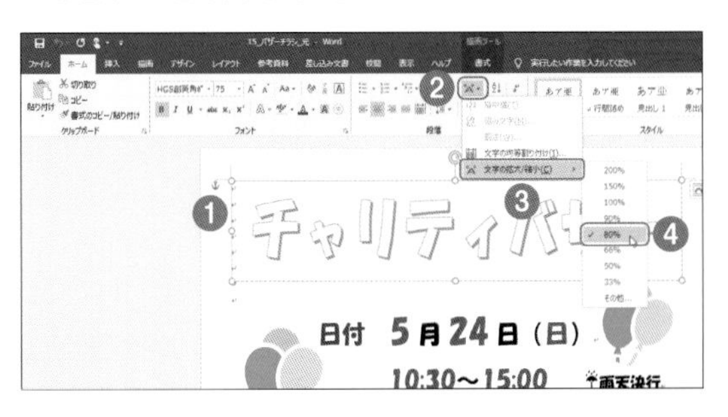

4 [図形の書式設定]を開く

[書式]タブ❶の[ワードアートのスタイル]グループタイトル右のをクリックします❷。

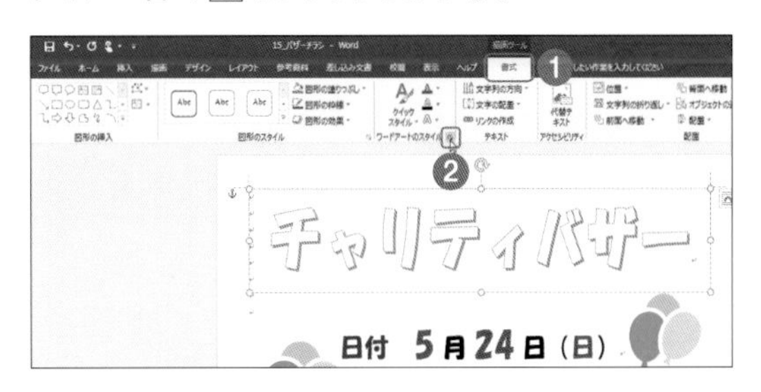

5 [塗りつぶし(グラデーション)]を選ぶ

[図形の書式設定]作業ウィンドウで[文字の塗りつぶしと輪郭]をクリックし❶、[塗りつぶし(グラデーション)]をクリックします❷。

6 グラデーションを設定する

グラデーションの分岐点を適宜追加して❶、それぞれの分岐点の色を設定します❷。

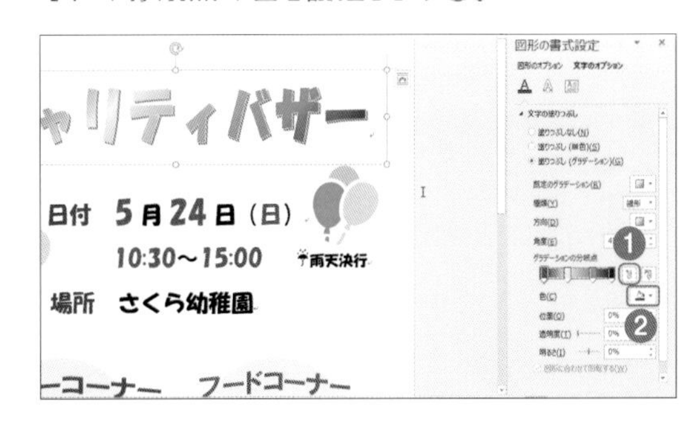

カラフルな線や絵柄で文書を引き締める

文書の周りに飾り罫を付けたお知らせ

「ページ罫線」を利用すると、文書の周囲を飾り罫で囲むことができます。
直線だけでなく、いろいろな絵柄を設定できます。

やってみよう

ページ罫線の設定

周囲を飾り罫で囲みます。各種罫線のほか、いろいろな絵柄が用意されています。

心と体をリフレッシュ

ラジオ体操のお知らせ

平素より子ども会活動へのご理解をいただきありがとうございます。
夏休みは、子ども会活動として、毎年ラジオ体操を行っています。今年も、元気で明るいまちづくりのために、そして健康のために、子ども達といっしょにラジオ体操をしましょう！
参加は自由ですので、ご希望の方は、お気軽にご参加ください。

期間：7月25日（土）～ 8月5日（水）
　　　雨の日はお休みです。
時間：午前6時30分～6時45分
場所：児童公園

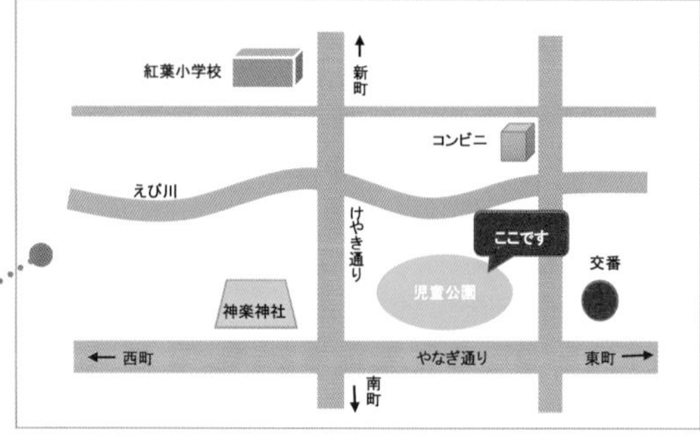

主催：さくら町子ども会、さくら坂町自治会

ポイント

画像の挿入

画像を挿入して、文章の背面に配置します。

→p.91

ポイント

地図の作成

ワードの図形描画機能を使って地図を作成します。

→p.117

ページ罫線を利用して周囲を絵柄で囲む

「ページ罫線」は、文書の周囲を罫線や絵柄で囲む機能です。
ページ罫線を利用すると、お知らせ文書が引き締まります。

1 [ページ罫線]を選ぶ

[デザイン]タブ❶の、[ページの背景]グループの[ページ罫線]をクリックします❷。

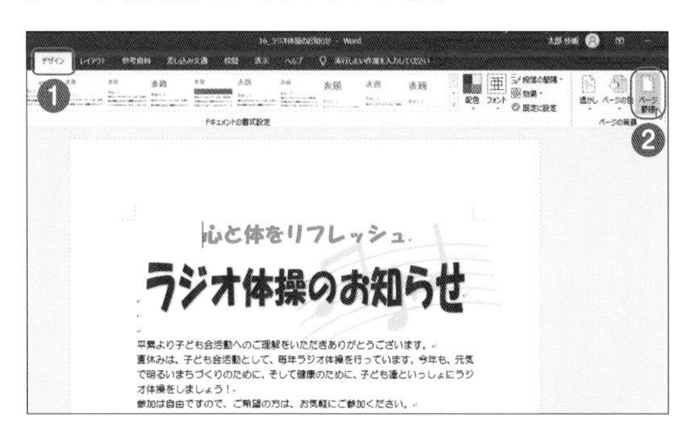

2 ページ罫線の種類を選ぶ

[線種とページ罫線と網かけの設定]ダイアログボックスの[ページ罫線]タブ❶の[囲む]をクリックします❷。

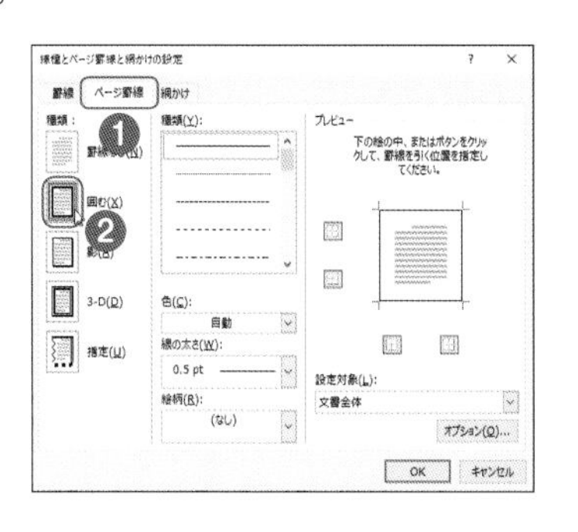

3 絵柄を選ぶ

[絵柄]をクリックして❶、一覧から目的の絵柄をクリックします❷。[種類]で罫線を選んで、[色]で色を指定することもできます。

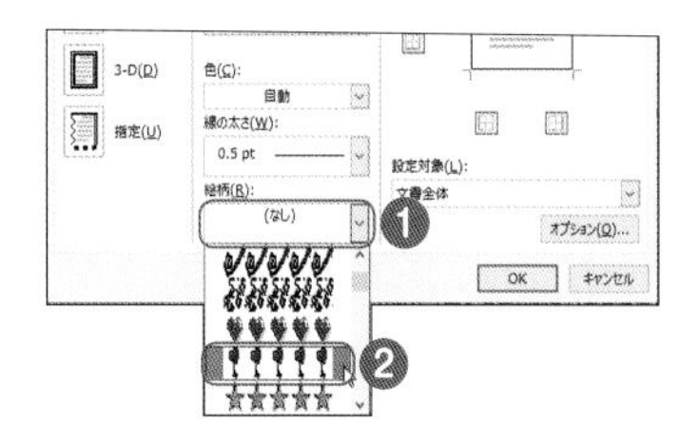

4 [線の太さ]と[設定対象]を選ぶ

[線の太さ]を任意に指定します❶。[設定対象]で[文書全体]を選択して❷、[OK]をクリックします❸。複数枚数がある場合に、ページ罫線を1ページ目だけに設定したいときは、[設定対象]で[このセクション-1ページ目のみ]を選択します。

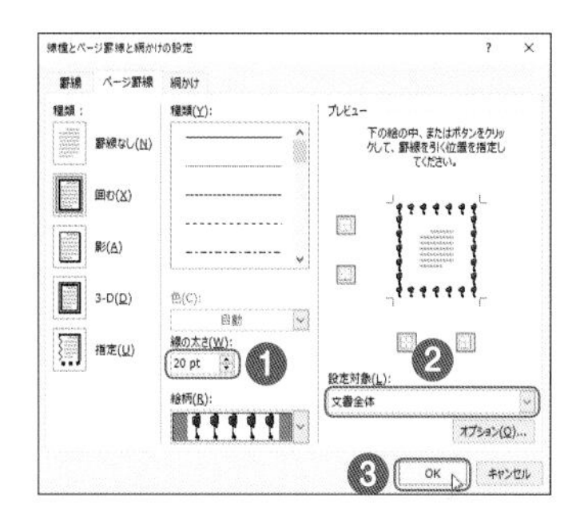

ひとくちメモ

ページ罫線の位置

プリンターによっては、ページ罫線が途中で切れて印刷される場合があります。この場合は、[線種とページ罫線と網かけの設定]ダイアログボックスの[オプション]をクリックして、[余白]欄で上下左右の数値を変更します。

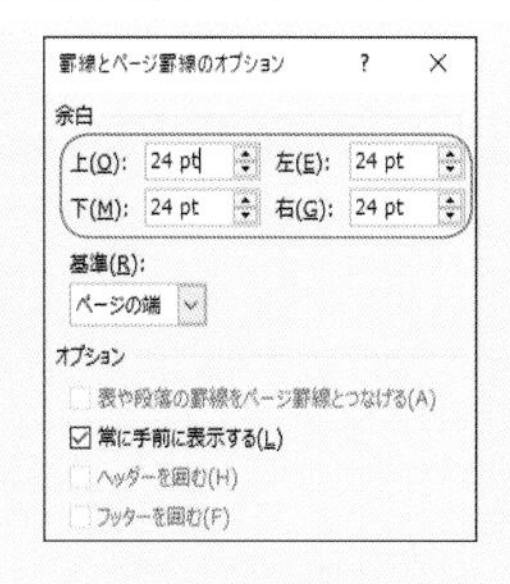

縦書きと横書きを組み合わせる

縦書きで文字を強調した注意書き

文字列を縦書きにして大きく配置し、目立たせます。
文字数が少ないときは、縦書きテキストボックスを利用するとよいでしょう。

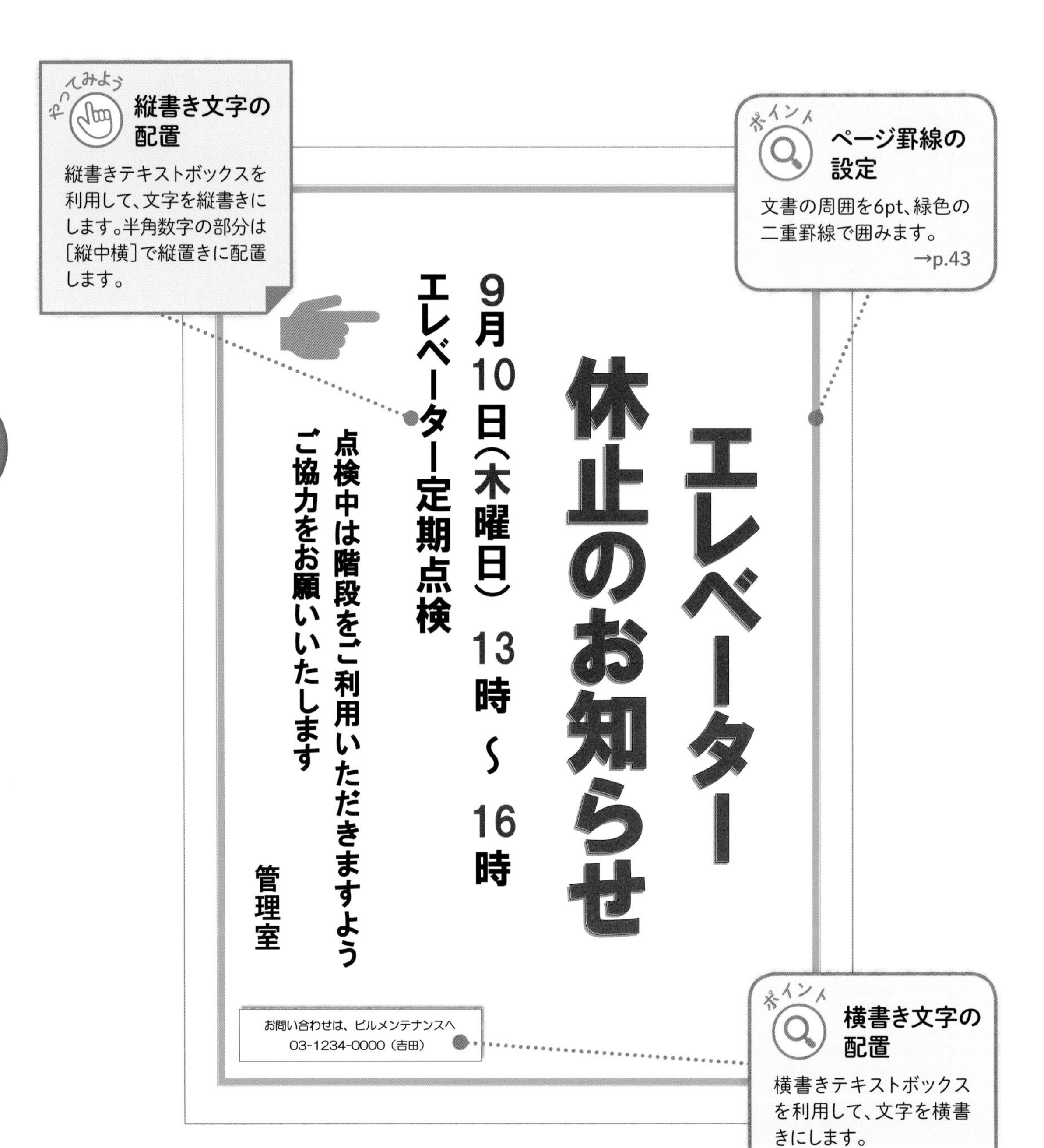

縦書きの文字を入力する

縦書きの文字と横書きの文字を任意の位置に配置するときは、
縦書きテキストボックスと横書きテキストボックスを利用すると便利です。

1 縦書きテキストボックスを挿入する

［挿入］タブ❶の［テキスト］グループの［テキストボックス］をクリックして❷、［縦書きテキストボックスの描画］をクリックします❸。 横書きの文字を入力する場合は、［横書きテキストボックスの描画］をクリックします。

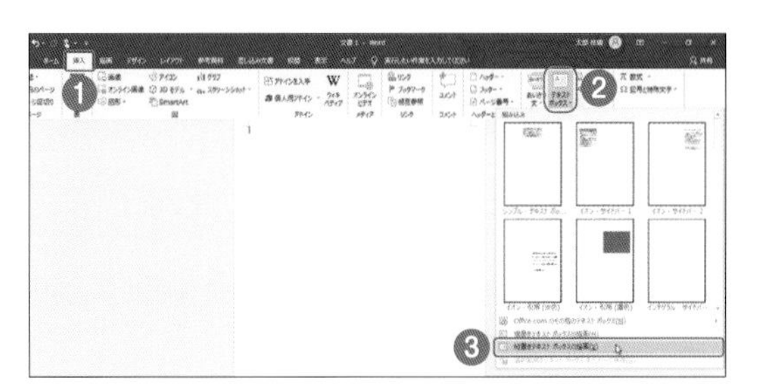

2 文字を入力して書式を設定する

マウスポインターの形が＋に変わった状態で、対角線上にドラッグして、テキストボックスを挿入します。 文字を入力して、フォントとフォントサイズ、文字色を変更します❶。

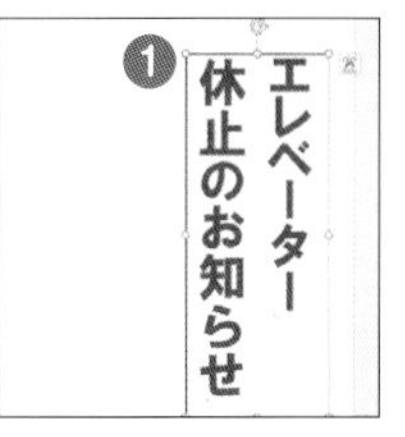

3 文字に効果を付ける

テキストボックスを選択して、［ホーム］タブ❶の［フォント］グループの［文字の効果と体裁］をクリックし❷、文字の輪郭と❸、影を設定します❹。

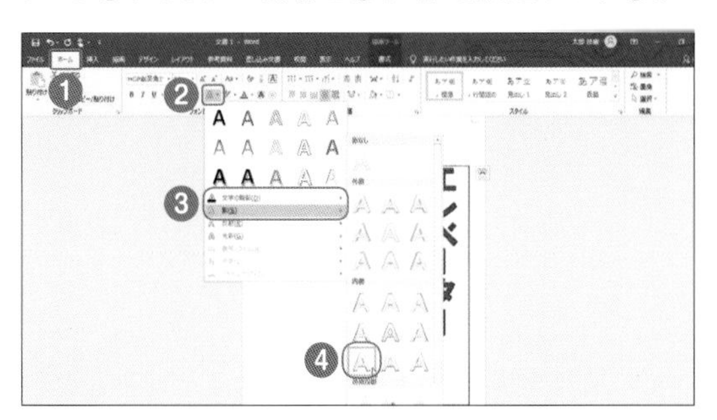

4 テキストボックスを枠線なしにする

［書式］タブ❶の［図形のスタイル］グループの［図形の枠線］をクリックして❷、［枠線なし］（ワード2013では［線なし］）をクリックします❸。

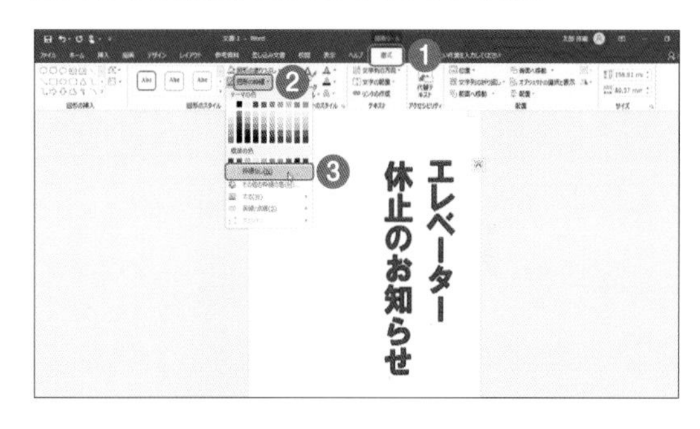

5 ［縦中横］を選ぶ

横向きの文字を選択して❶、［ホーム］タブ❷の［段落］グループの［拡張書式］をクリックし❸、［縦中横］をクリックします❹。

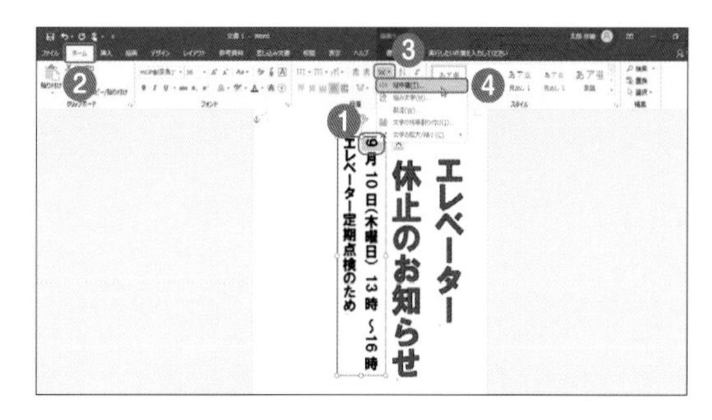

6 縦中横を設定する

［縦中横］ダイアログボックスのプレビューを確認して❶、［OK］をクリックします❷。

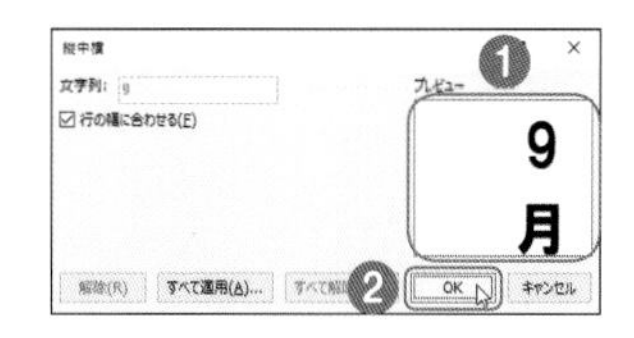

縦書きの新聞などは段組みにして読みやすくする

縦書きレイアウトの情報紙

縦書きの長い文章の場合は、
段組みを設定して1行文字数を少なくすると読みやすくなります。

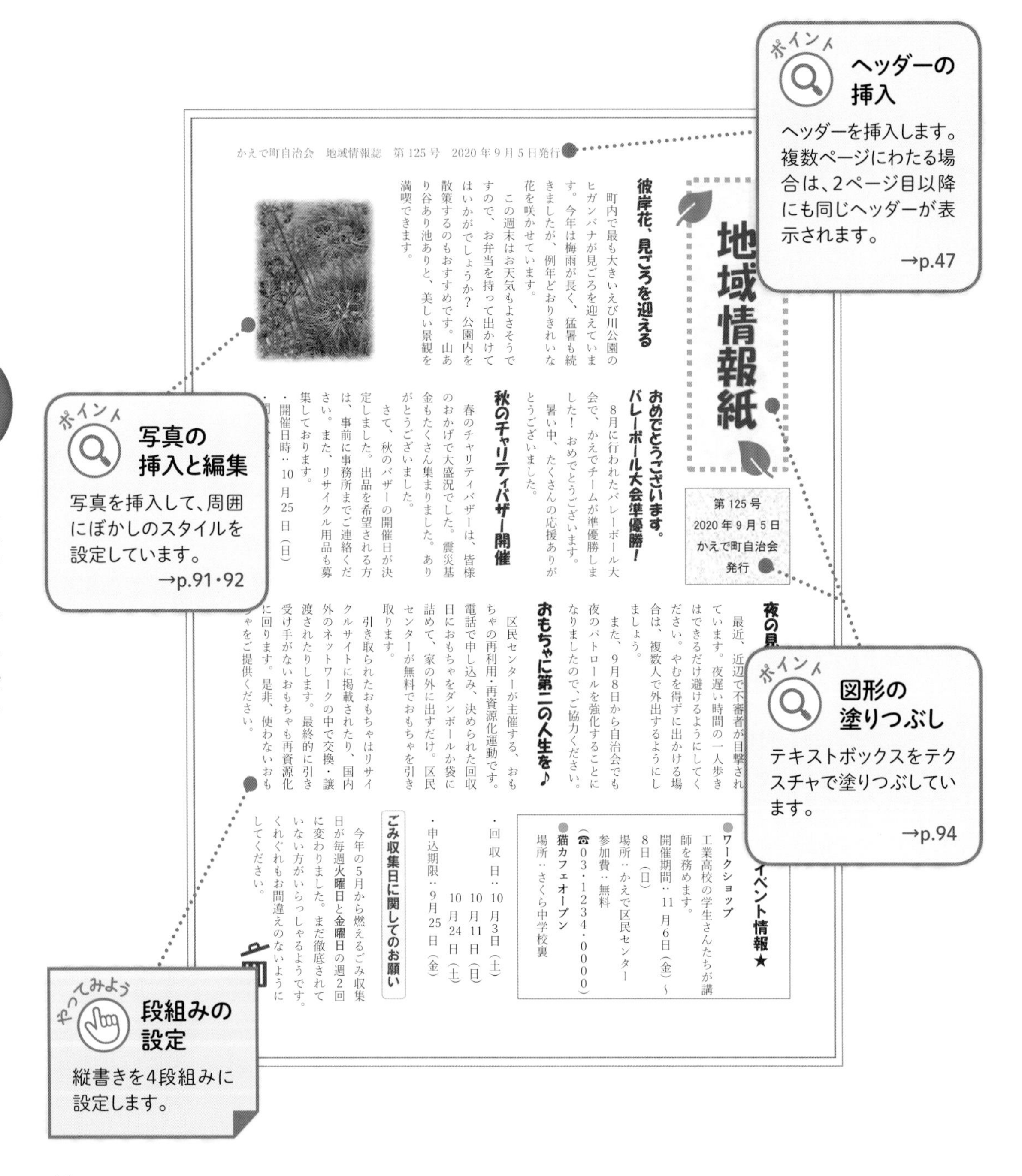

かえで町自治会　地域情報誌　第125号　2020年9月5日発行

地域情報紙

第125号
2020年9月5日
かえで町自治会
発行

彼岸花、見ごろを迎える

町内で最も大きいえび川公園のヒガンバナが見ごろを迎えています。今年は梅雨が長く、猛暑も続きましたが、例年どおりきれいな花を咲かせています。

この週末はお天気もよさそうですので、お弁当を持って出かけてはいかがでしょうか？　公園内を散策するのもおすすめです。山あり谷あり池ありと、美しい景観を満喫できます。

おめでとうございます。バレーボール大会準優勝！

8月に行われたバレーボール大会で、かえでチームが準優勝しました！　おめでとうございます。

暑い中、たくさんの応援ありがとうございました。

秋のチャリティバザー開催

春のチャリティバザーは、皆様のおかげで大盛況でした。震災基金もたくさん集まりました。ありがとうございました。

さて、秋のバザーの開催日が決定しました。出品を希望される方は、事前に事務所までご連絡ください。また、リサイクル用品も募集しております。

・開催日時：10月25日（日）

夜の見

最近、近辺で不審者が目撃されています。夜遅い時間の一人歩きはできるだけ避けるようにしてください。やむを得ずに出かける場合は、複数人で外出するようにしましょう。

また、9月8日から自治会でも夜のパトロールを強化することになりましたので、ご協力ください。

おもちゃに第二の人生を♪

区民センターが主催する、おもちゃの再利用・再資源化運動です。電話で申し込み、決められた回収日におもちゃをダンボールか袋に詰めて、家の外に出すだけ。区民センターが無料でおもちゃを引き取ります。

引き取られたおもちゃはリサイクルサイトに掲載されたり、国内外のネットワークの中で交換・譲渡されたりします。最終的に引き受け手がないおもちゃも再資源化に回ります。是非、使わないおも

ちゃをご提供ください。

・回収日：10月3日（土）
10月11日（日）
10月24日（土）
・申込期限：9月25日（金）

イベント情報★

●ワークショップ
工業高校の学生さんたちが講師を務めます。
開催期間：11月6日（金）～8日（日）
場所：かえで区民センター
参加費：無料
（☎03・1234・0000）
●猫カフェオープン
場所：さくら中学校裏

ごみ収集日に関してのお願い

今年の5月から燃えるごみ収集日が毎週火曜日と金曜日の週2回に変わりました。まだ徹底されていない方がいらっしゃるようです。くれぐれもお間違えのないようにしてください。

ポイント
ヘッダーの挿入
ヘッダーを挿入します。複数ページにわたる場合は、2ページ目以降にも同じヘッダーが表示されます。
→p.47

ポイント
写真の挿入と編集
写真を挿入して、周囲にぼかしのスタイルを設定しています。
→p.91・92

ポイント
図形の塗りつぶし
テキストボックスをテクスチャで塗りつぶしています。
→p.94

やってみよう
段組みの設定
縦書きを4段組みに設定します。

縦書き文書を4段組みに設定してヘッダーを挿入する

段組みは、文章を入力する前に設定しても、入力後に設定してもかまいません。
A4サイズの場合は3段または4段にすると読みやすいでしょう。

1 [ページ設定]を開く

[レイアウト](ワード 2013の場合は[ページレイアウト])タブ❶の[ページの設定]グループタイトル右の をクリックします❷。

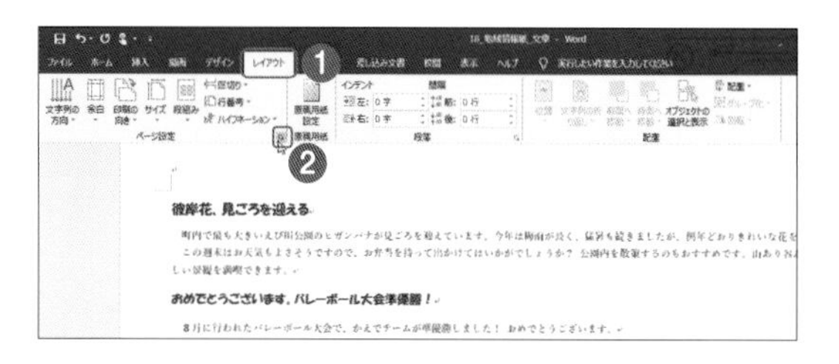

2 印刷の向きを設定する

[ページ設定]ダイアログボックスの[余白]タブ❶の[印刷の向き]欄で[縦]をクリックします❷。

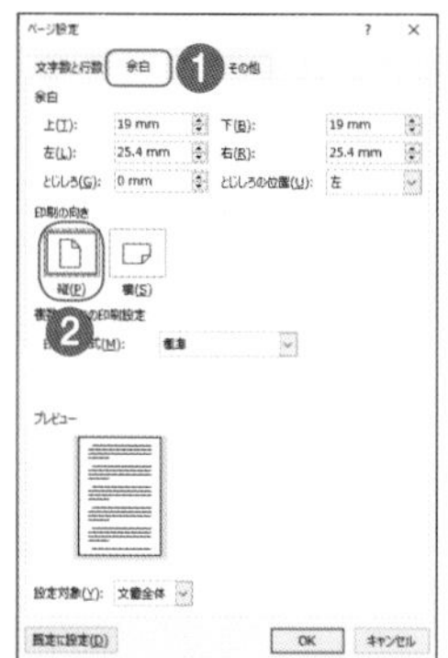

3 文字方向と段数を設定する

[文字数と行数]タブ❶の[文字方向]欄で[縦書き]をクリックして❷、[段数]を「4」に設定し❸、[OK]をクリックします❹。

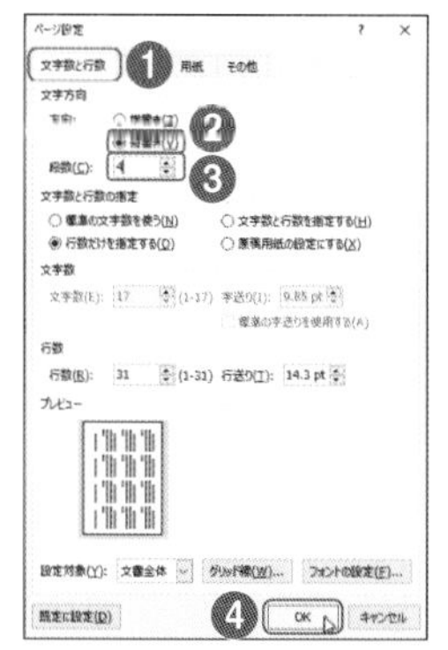

4 ヘッダーのスタイルを選ぶ

[挿入]タブ❶の[ヘッダーとフッター]グループの[ヘッダー]をクリックして❷、任意のスタイルをクリックします❸。

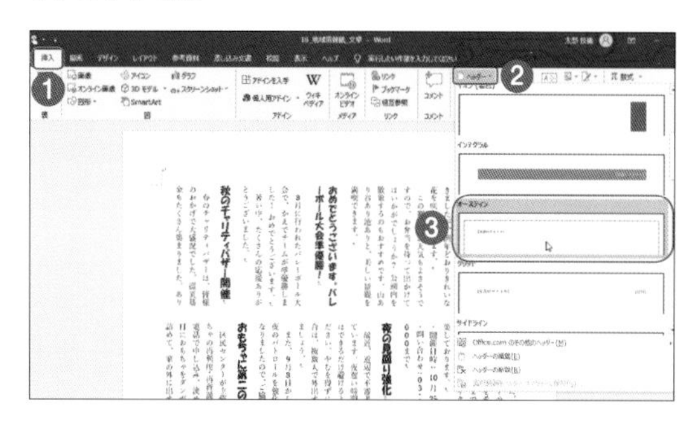

5 ヘッダーの文字を入力する

選択したスタイルのヘッダーが表示されるので、目的の文字列を入力して❶、[デザイン]タブ❷の[ヘッダーとフッターを閉じる]をクリックします❸。

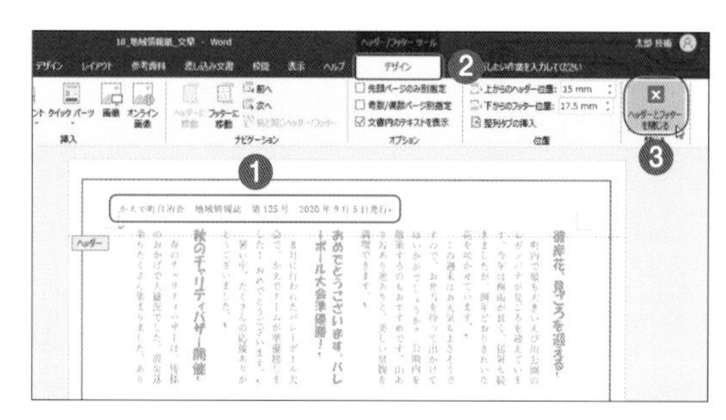

ひとくちメモ

ヘッダーのスタイル

ここでは、あらかじめスタイルが設定されているヘッダーを挿入しましたが、手順④で[ヘッダーの編集]をクリックして、文字だけのヘッダーを挿入することもできます(p.98参照)。

表のスタイルを使って表全体の書式を設定する

予定表を配置したイベントチラシ

罫線や網かけなどがあらかじめ設定された「表のスタイル」を利用すると、表全体のスタイルをかんたんに設定できます。

ポイント

図形の編集

図形［小波］を挿入して［塗りつぶしなし］に、枠線を［1.5pt］に設定して、文字を追加します。

→p.92・93

10月11日（日）
さくら小学校　＊小雨決行

時間	種目	参加対象	備考
9:00	開会式	全員	
9:30	体操	全員	
10:00	4種混合リレー	代表	跳び箱・ハードル・ネット・麻袋
10:30	障害物競走	一般	一般15組 小学生10組
11:00	おもちゃ取り競争	6歳以下	ゴール前におもちゃ
朝食（11:30〜12:30）			
13:00	紅白玉入れ	代表	各20名
13:30	綱引き	代表	各20名
14:00	二人三脚	一般	一般15組 小学生10組
14:30	50m走	一般	一般15組 小学生10組
15:00	1000mリレー	代表	
	体操	全員	
	表彰式／閉会式	全員	

ポイント

画像の挿入

画像を挿入して、文章の背面に配置します。

→p.91

やってみよう

表のスタイル設定

「表のスタイル」を利用して、表の見た目を変更します。

表のスタイルを設定する

「表のスタイル」を使うと、一覧からスタイルをクリックするだけで
表の見た目をかんたんに変更することができます。

1 表を挿入する

表を挿入する位置をクリックします❶。[挿入]タブ❷の[表]グループの[表]をクリックして❸、[表の挿入]をクリックします❹。

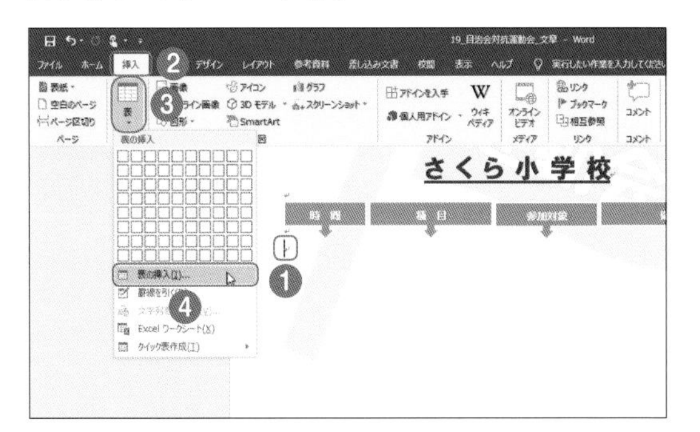

2 表のサイズを指定する

[表の挿入]ダイアログボックスの[表のサイズ]欄で[列数]を「4」に❶、[行数]を「13」に指定して❷、[OK]をクリックします❸。

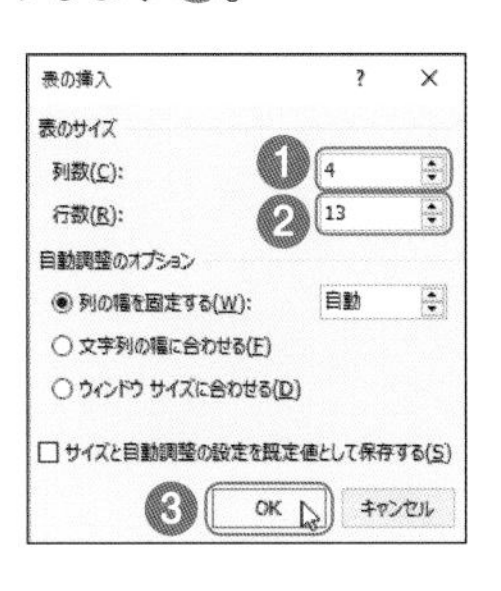

3 文字を入力して書式を設定する

表内に文字を入力して、フォントと文字配置を設定し、各列のサイズを調整します。[表の選択]⊞をクリックして表全体を選択します❶。

4 表のスタイルを設定する

[デザイン]タブ❶の[表のスタイル]グループの[その他]▽をクリックして、一覧から任意のスタイルをクリックします❷。

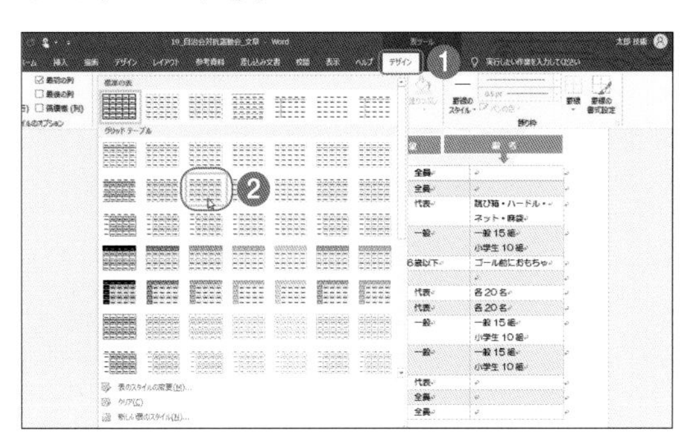

ひとくちメモ

表の一部の色を変更する

表のスタイルを設定したあとで、一部のセルのスタイルを変更することもできます。ここでは、[レイアウト]タブの[結合]グループの[セルの結合]をクリックして、「朝食」の行を結合し、塗りつぶしの色と文字色を変更しています。

ポスター印刷機能でA4サイズを分割印刷する

大きなサイズでつくる文化祭ポスター

A4サイズで作成したポスターを4分割して、A4用紙に拡大印刷し、4枚を貼り合わせて1枚のポスターをつくります。

やってみよう

ポスター印刷

A4用紙4枚に分割して拡大印刷します。

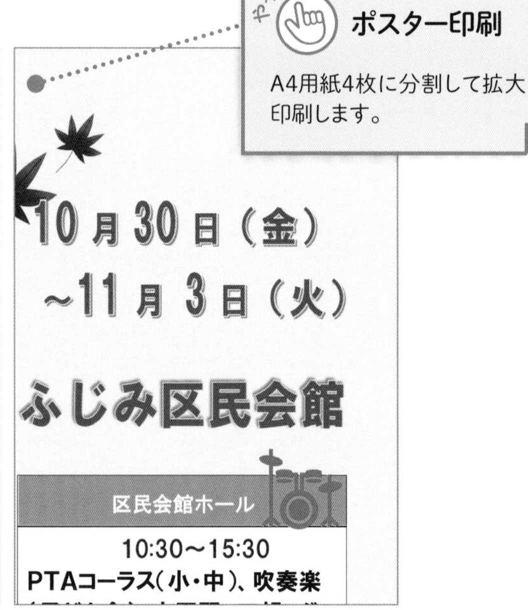

ポイント

ワードアートの回転

ワードアートを1文字ずつ挿入して、それぞれを回転させます。

→p.90

（子ども会）、大正琴、二胡、ダンスほか
※詳細はプログラムをご覧ください。

地場産コーナー
10:00〜14:00
近隣生産者の方々のご協力で、当日の採れたて、もぎたての新鮮な果物や野菜を販売します。
※商品なくなり次第終了します

ふじみ町自治会　お問い合わせ　03-1234-0000
後援　八千代区文化推進協会

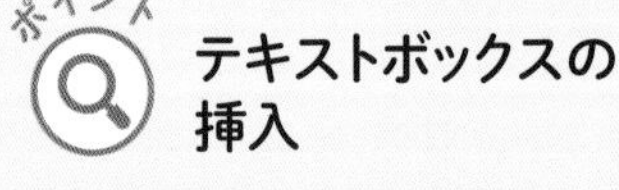

ポイント

テキストボックスの挿入

コーナータイトルと詳細部分をそれぞれテキストボックスで作成し、グループ化しています。

→p.88・96

ポイント

ページの色の設定

[デザイン]タブの[ページの背景]グループの[ページの色]で、ページ全体に色を付けます。

プリンターの「ポスター印刷」を利用する

プリンターのプロパティで「ポスター印刷」を選択して、
4分割を設定し、A4用紙に拡大印刷します。

1 ［プリンターのプロパティ］を選ぶ

［ファイル］タブの［印刷］をクリックして❶、［プリンターのプロパティ］をクリックします❷。

2 ポスター印刷を選ぶ

［用紙］タブ❶の［ポスター印刷］にチェックを付けて❷、［ポスター設定］をクリックします❸。プリンターのプロパティダイアログボックスの項目名などは、プリンターの機種によって異なります。

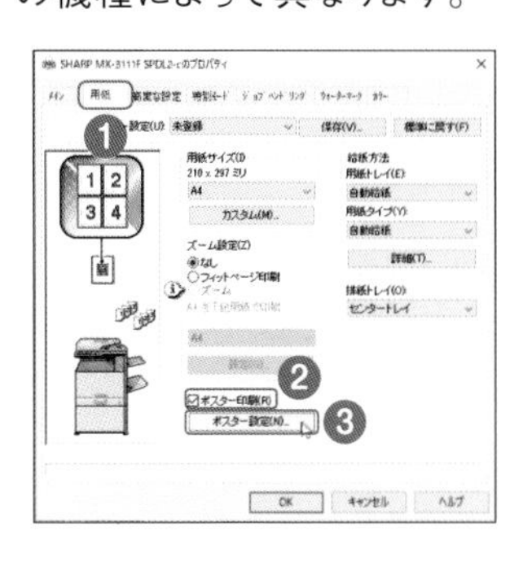

3 分割する枚数を指定する

［ポスター設定］ダイアログボックスの［ポスター印刷］の［2×2］を選択して❶、［OK］をクリックします❷。プリンターのプロパティダイアログボックスに戻るので、［OK］をクリックします。

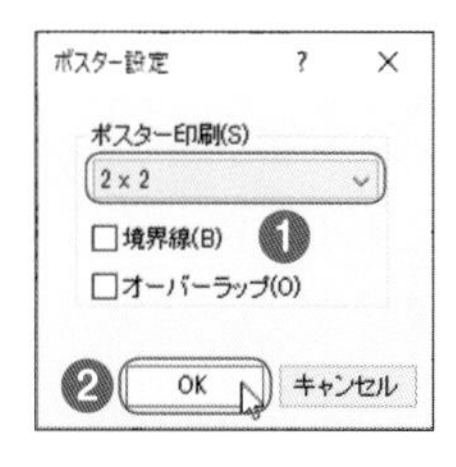

4 印刷を実行する

［印刷］をクリックします❶。1ページが4分割して印刷されるので、4枚を貼り合わせて、A2サイズ1枚のポスターとして利用します。

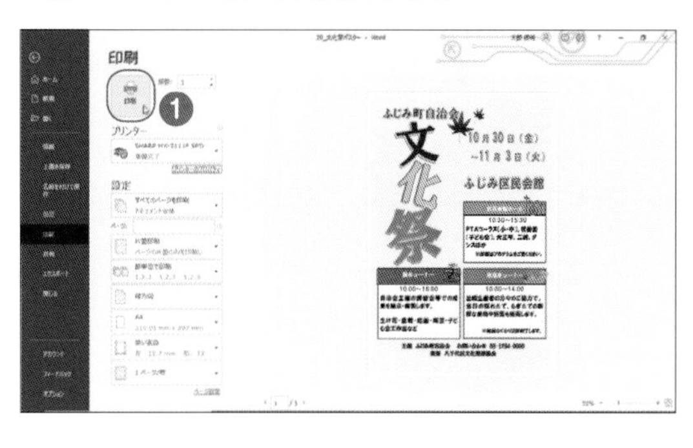

ひとくちメモ

テキストボックスの配置

下の2つのテキストボックスは「下揃え」、右側の2つは「右揃え」で、テキストボックスがきれいに揃うように配置しています。配置を揃えたいテキストボックスを選択して、［書式］タブの［配置］グループの［配置］をクリックし、配置方法を指定します。

袋とじで印刷、製本して小冊子をつくる

冊子として綴じる旅のしおり

「袋とじ」を設定すると、1枚の用紙に2ページ分が印刷されます。印刷面を山折りにして綴じると、小冊子が作成できます。

ポイント
写真の挿入と編集
写真を挿入して、図形に合わせてトリミングしています。
→p.91

■■天女の館 周辺地図

■宿泊先
三保の松原 天女の館
〒424-0000 静岡県静岡市清水区三保 電話 054-388-0000

■■持ち物チェックリスト

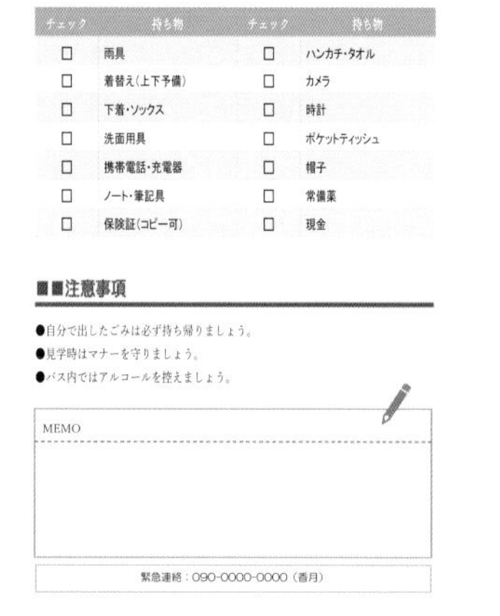

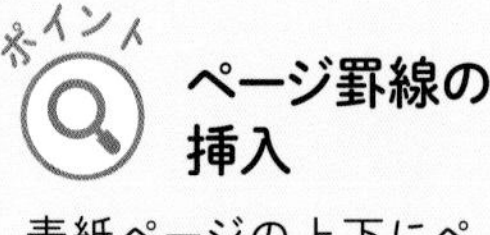

ポイント
ページ罫線の挿入
表紙ページの上下にページ罫線を挿入します。
→p.43

やってみよう
スクリーンショットの挿入
Webページ上の地図の必要な部分だけを切り取り、挿入します。

スクリーンショットで地図の一部を貼り付ける

Webページ上の地図を表示して、
スクリーンショットで必要な部分を切り取り、文書に挿入します。

1 スクリーンショットを挿入する

Webブラウザーを起動して、貼り付けたい地図を表示しておきます。ワードの画面に切り替えて、地図を挿入する位置をクリックし❶、[挿入]タブ❷の[スクリーンショット]をクリックして❸、[画面の領域]をクリックします❹。

2 地図上の領域を指定する

Webブラウザーの地図が前面に表示されるので、地図上を対角線上にドラッグして、挿入する領域を指定します❶。

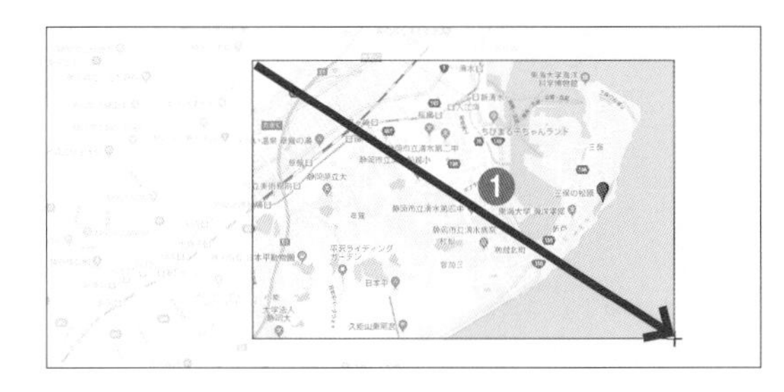

3 挿入した地図のサイズを調整する

ワードの文書内に地図の画像が挿入されます。サイズ変更ハンドル◯をドラッグしてサイズを調整し❶、地図を前面に配置します(p.91参照)。

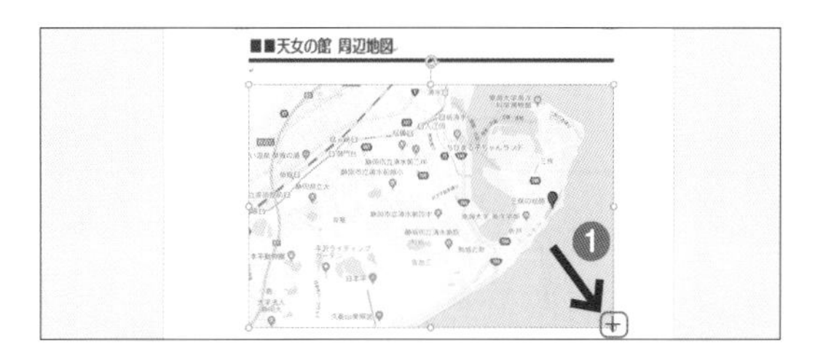

4 枠線を設定する

[書式]タブ❶の[図のスタイル]グループの[図の枠線]をクリックして❷、線の色と❸、太さを任意に指定します❹。

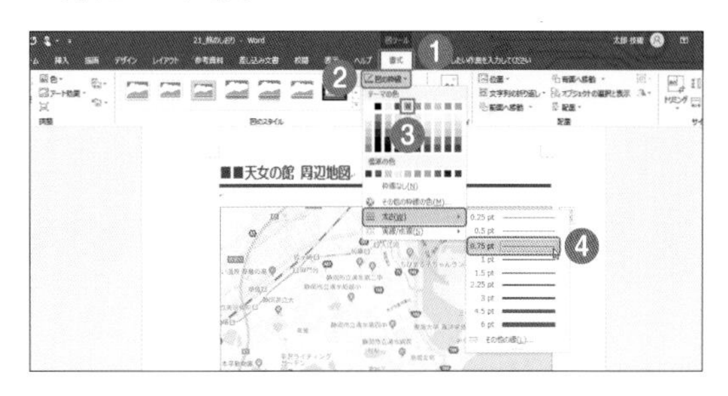

ひとくちメモ

袋とじの設定

袋とじは、印刷面を外側に2つに折り曲げて閉じる方法のことです。[ページ設定]ダイアログボックスを表示して(p.81参照)、[余白]タブの[印刷の形式]で[袋とじ]を選択します。袋とじに設定すると、選択している用紙サイズの半分のサイズになるので、印刷の用紙サイズは、倍のサイズを指定します。

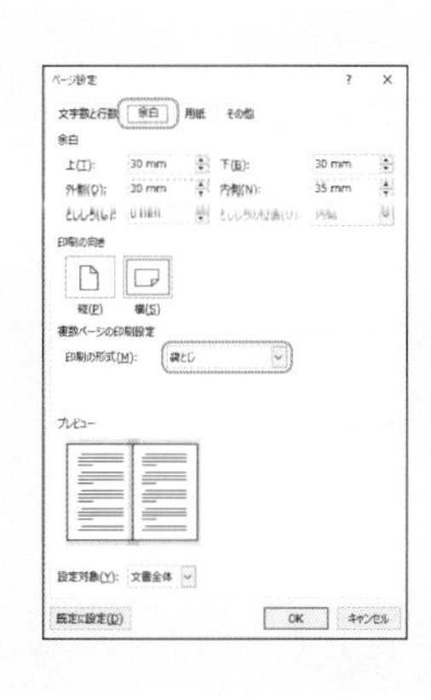

サイズを指定して封筒に印刷する

封筒に印刷するだけで完成する集金袋

市販の封筒のサイズを指定して、集金袋をつくっておくと便利です。
宛名を差し込み印刷することもできます。

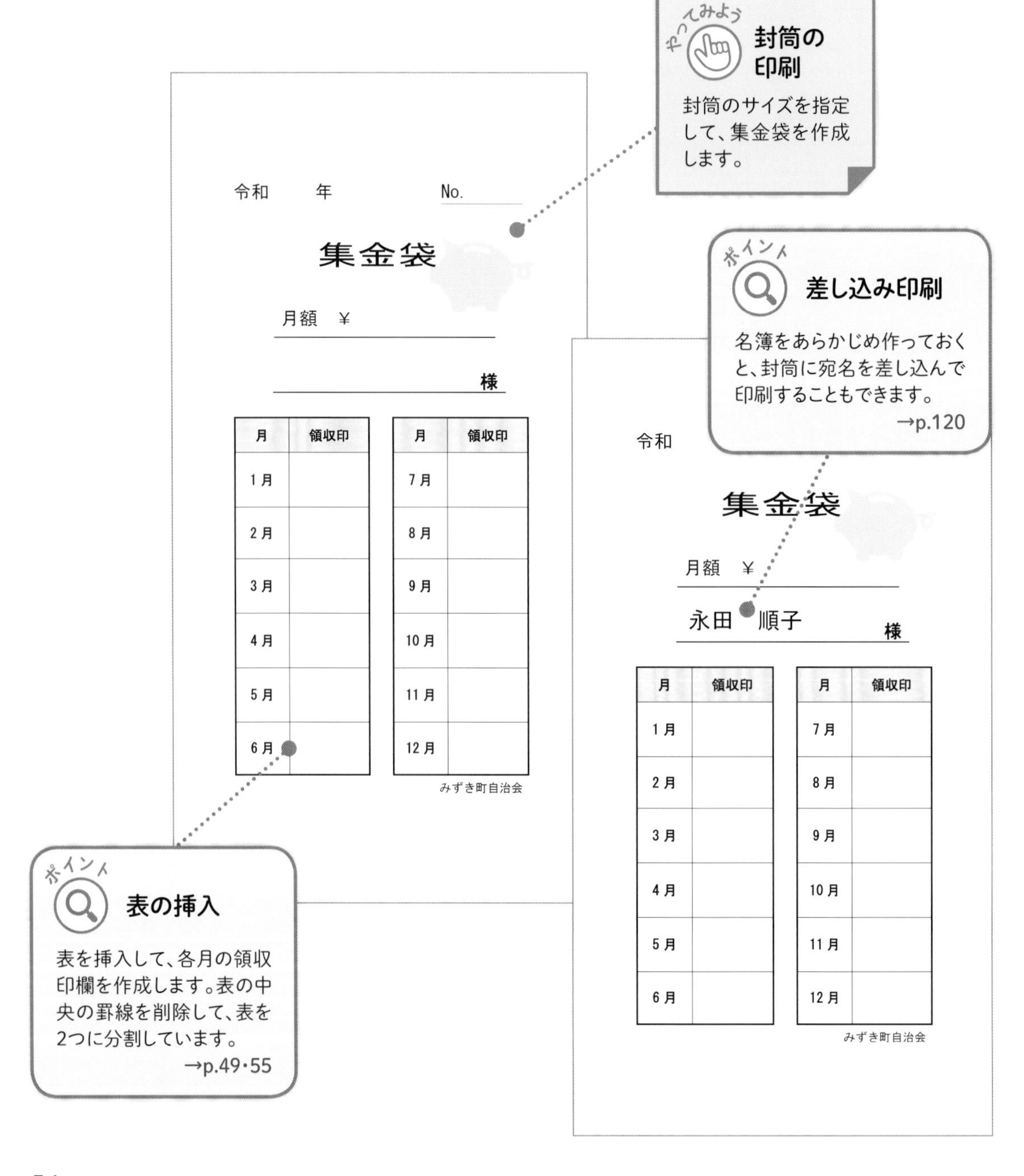

サイズを指定して封筒に印刷する

［レイアウト］タブの［サイズ］で用紙サイズを指定すると、
いろいろな大きさの封筒に印刷することができます。

1 封筒のサイズを設定する

［レイアウト］（ワード 2013では［ページレイアウト］）タブ❶の［ページ設定］グループの［サイズ］をクリックして❷、目的の封筒サイズをクリックします❸。

2 文字を入力して直線を描く

文字を入力して❶、「No.」「月額 ¥」「様」の下に直線を描き❷、画像を挿入します❸。

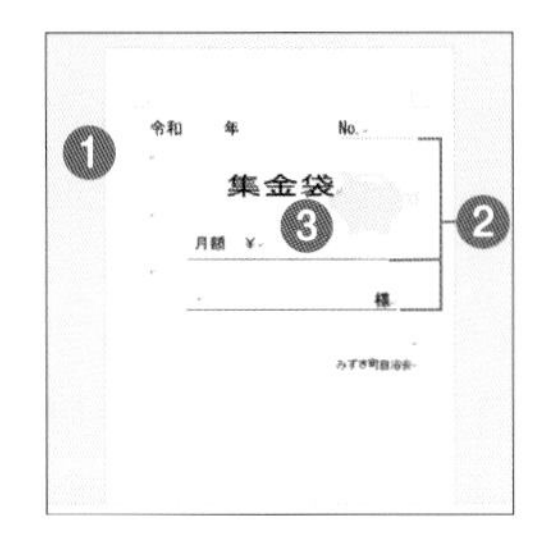

3 表を挿入する

表を挿入して、表内に文字を入力し❶、列幅と高さを調整します❷。

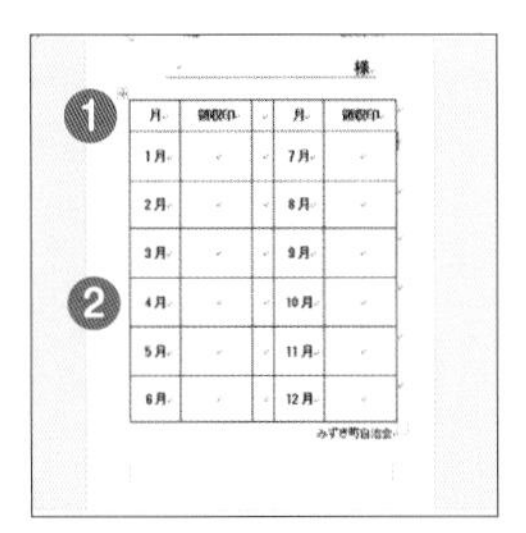

4 ［罫線なし］を選ぶ

［デザイン］タブ❶の［飾り枠］グループの［ペンのスタイル］をクリックして❷、［罫線なし］をクリックします❸。

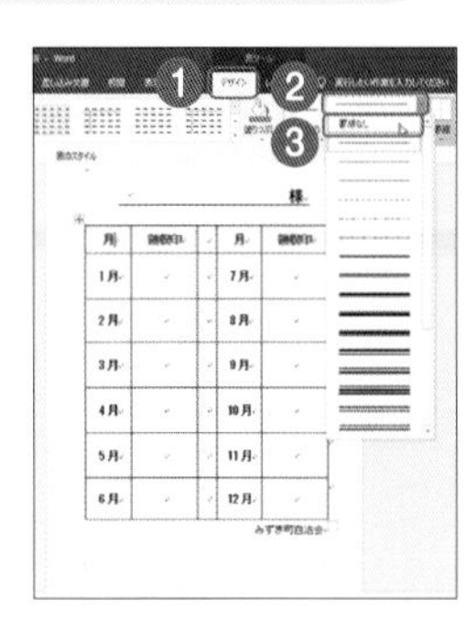

5 不要な罫線を削除する

マウスポインターの形が🖋に変わった状態で、表の中央の罫線をクリックして、罫線を削除します❶。削除し終わったら Esc キーを押して、マウスポインターを元に戻します。

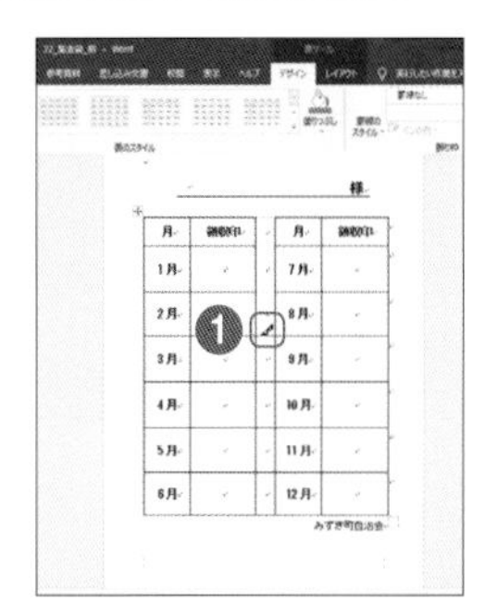

6 外枠の罫線を太くする

手順④の方法で罫線のスタイルを選択します。［デザイン］タブ❶の［飾り枠］グループの［ペンの太さ］をクリックして❷、一覧から［1.5pt］をクリックします❸。マウスポインターの形が🖋に変わった状態で、表の外枠の罫線上をドラッグします。終了したら Esc キーを押して、マウスポインターを元に戻します。

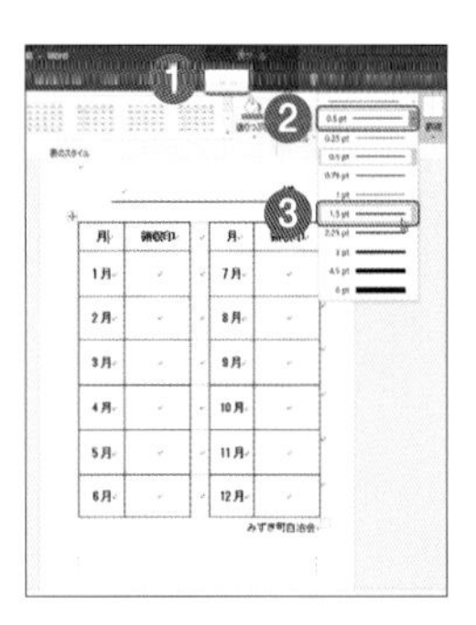

ワードの差し込み印刷にも使える

並べ替えも自由にできる会員名簿

23_
会員名簿.xlsx

表を規則にしたがった形式で作成すると、五十音順に並べ替えたり、ワードの差し込み印刷のデータに利用したりすることができます。

ポイント

列幅の調整

各列のデータがセル内に収まるように、列幅を調整します。

→p.57

やってみよう

データベース形式の表の作成

データベース形式の表を作成して、表全体に罫線を引き、見出しの行に背景色を付けて文字色を変更します。

■会員名簿　　2020年4月20日現在

会員No.	氏名	郵便番号	住所	電話番号（自宅）	電話番号（携帯）	備考
001	神田　哲也	162-0000	新宿区さくら坂1-x-x	03-1234-0000	090-1234-0000	会長
002	神保　直樹	162-0000	新宿区さくら坂1-x-x	03-1234-0000	090-1234-0000	
003	永田　順子	162-0000	新宿区さくら坂1-x-x	03-1234-0000	090-1234-0000	
004	赤坂　健一	162-0000	新宿区さくら坂1-x-x	03-1234-0000	090-1234-0000	
005	芝　由美子	162-0000	新宿区さくら坂1-x-x	03-1234-0000	090-1234-0000	行事部長
006	乃木坂　誠	162-0000	新宿区さくら坂2-x-x	03-1234-0000	090-1234-0000	
007	渋谷　淳	162-0000	新宿区さくら坂2-x-x	03-1234-0000	090-1234-0000	
008	長崎　明美	162-0000	新宿区さくら坂2-x-x	03-1234-0000	090-1234-0000	福祉部長
009	仲井　和彦	162-0000	新宿区さくら坂2-x-x	03-1234-0000	090-1234-0000	
010	志村　智子	162-0000	新宿区さくら坂2-x-x	03-1234-0000	090-1234-0000	
011	高島　浩二	162-0000	新宿区さくら坂2-x-x	03-1234-0000	090-1234-0000	会計部長
012	蓮沼　洋子	162-0000	新宿区さくら坂2-x-x	03-1234-0000	090-1234-0000	
013	王子　学	162-0000	新宿区さくら坂3-x-x	03-1234-0000	090-1234-0000	副会長
014	赤坂　剛	162-0000	新宿区さくら坂3-x-x	03-1234-0000	090-1234-0000	
015	斉藤　倫夫	162-0000	新宿区さくら坂3-x-x	03-1234-0000	090-1234-0000	
016	小林　良太	162-0000	新宿区さくら坂3-x-x	03-1234-0000	090-1234-0000	
017	香月　雅彦	162-0000	新宿区さくら坂3-x-x	03-1234-0000	090-1234-0000	総務部長
018	大橋　美紀	162-0000	新宿区さくら坂4-x-x	03-1234-0000	090-1234-0000	
019	東海林　健太	162-0000	新宿区さくら坂4-x-x	03-1234-0000	090-1234-0000	
020	松木　七郎	162-0000	新宿区さくら坂4-x-x	03-1234-0000	090-1234-0000	交通部長
021	花井　亮太	162-0000	新宿区さくら坂4-x-x	03-1234-0000	090-1234-0000	
022	高梨　美智子	162-0000	新宿区さくら坂4-x-x	03-1234-0000	090-1234-0000	
023	神崎　幸子	162-0000	新宿区さくら坂4-x-x	03-1234-0000	090-1234-0000	
024	定塚　和彦	162-0000	新宿区さくら坂4-x-x	03-1234-0000	090-1234-0000	副会長
025	石橋　由美子	162-0000	新宿区さくら坂4-x-x	03-1234-0000	090-1234-0000	
026	長野　久美子	162-0000	新宿区さくら坂5-x-x	03-1234-0000	090-1234-0000	
027	上野　さくら	162-0000	新宿区さくら坂5-x-x	03-1234-0000	090-1234-0000	
028	森下　修	162-0000	新宿区さくら坂5-x-x	03-1234-0000	090-1234-0000	
029	神田　秀樹	162-0000	新宿区さくら坂5-x-x	03-1234-0000	090-1234-0000	防犯部長
030	美田　ゆかり	162-0000	新宿区さくら坂5-x-x	03-1234-0000	090-1234-0000	
031	赤羽　裕子	162-0000	新宿区さくら坂5-x-x	03-1234-0000	090-1234-0000	
032	若松　直美	162-0000	新宿区さくら坂5-x-x	03-1234-0000	090-1234-0000	
033	板橋　聡	162-0000	新宿区さくら坂6-x-x	03-1234-0000	090-1234-0000	
034	千駄木　隆	162-0000	新宿区さくら坂6-x-x	03-1234		
		162-0000	新宿区さくら坂6-x-x	03-1234		
		162-0000	新宿区さくら坂6-x-x	03-1234		

ポイント

連続データの入力

「会員No.」を連続データで自動的に入力します。セルの表示形式を「000」に設定しています。

→p.102・103

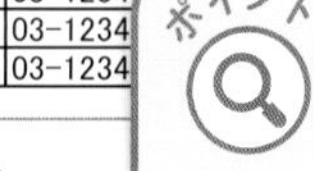

ポイント

データの並べ替え

データベース形式の表では、データを自由に並べ替えることができます。連続データを入力した列を作成しておくと、いつでも元に戻せます。

→p.108

データベース形式の表を作成して書式を設定する

表をデータベース形式の表にしたがって作成します。
表全体に罫線を引き、見出しの行に背景色を付けて文字色を変更します。

1 見出しの行を作成する

表の見出しとなるセルに項目名を入力し、項目名を範囲選択して❶、[ホーム]タブ❷の[配置]グループの[中央揃え]をクリックします❸。

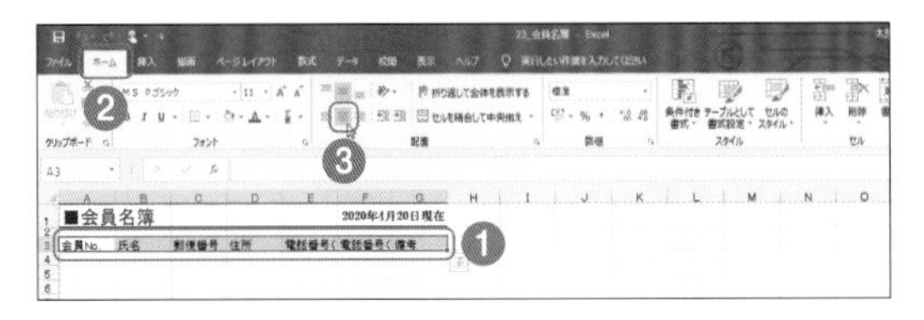

2 連続データを入力して列幅を調整する

1件目のデータを入力します。2件目の「002」を入力して、「001」と「002」のセルを選択し❶、フィルハンドルをドラッグして、連続データを入力します❷。列と列の境界線にマウスポインターを合わせ、マウスポインターの形が✛に変わった状態でドラッグし、列幅を調整します❸。同様の方法ですべての列幅を調整します。

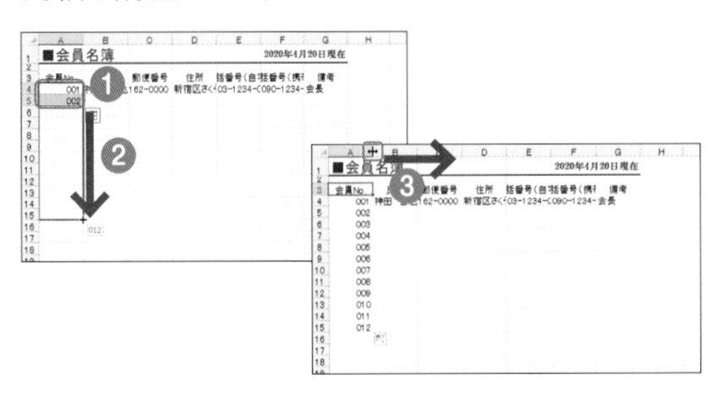

3 セルの背景に色を付ける

すべてのデータを入力して、名簿データ全体に罫線を引きます(p.105参照)。見出しの行を選択して❶、[ホーム]タブ❷の[フォント]グループの[塗りつぶしの色]の▾をクリックし❸、任意の色をクリックします❹。

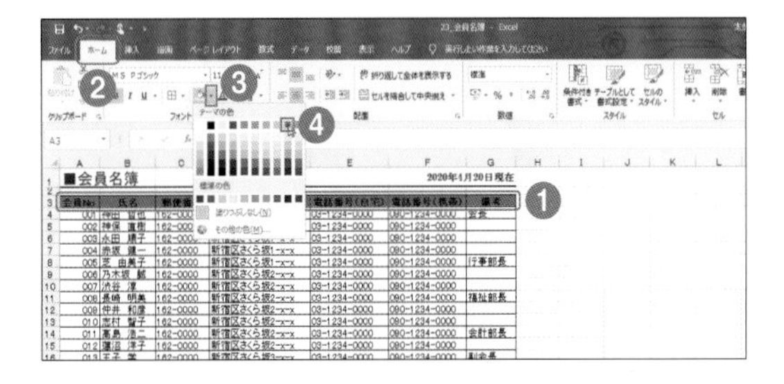

4 フォントの色を変更する

[ホーム]タブ❶の[フォント]グループの[フォントの色]の▾をクリックして❷、任意の色をクリックします❸。

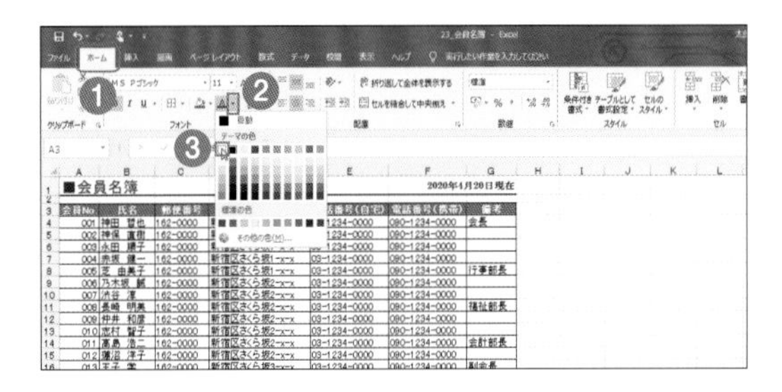

ひとくちメモ

データベース形式の表を作成する

データベース形式の表とは、列ごとに同じ種類のデータが入力され、先頭行に列の見出しが入力されている一覧表のことです。データベース形式の表では、1件分のデータを「レコード」、1列分のデータを「フィールド」、先頭行を「ラベル」や「見出し」と呼びます。

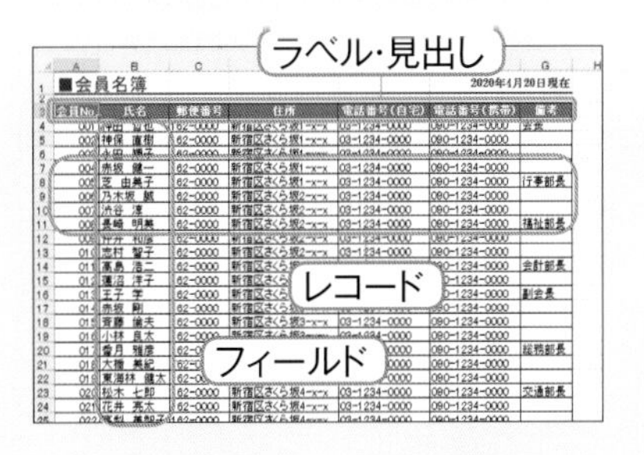

見栄えのする表をかんたんに作成できる

個人情報を非公開にすることもできる役員名簿

住所や電話番号などの個人情報を含むデータを入力した表では、情報が不用意に流出しないように配慮しましょう。

テーブル機能の利用

表をテーブルに変換すると、デザインを自由に変更したり、データを抽出したりすることができます。

→p.111

列の非表示とシートの保護

住所や電話番号などの列を非表示にして、パスワードを入力しないと再表示できないように設定します。

役員名簿

		氏名	児童クラス	児童氏名	郵便番号	住所1	住所2	電話番号	メールアドレス
執行部	会長	上野　真史	5-1	悠斗	162-0000	東京都	千代田区九段西1-x-x	090-0000-0000	ueno@example.xom
執行部	副会長	秋葉　美青	4-3	彩乃	162-0000	東京都	新宿区水道町x-x-x	090-0000-0000	akiba@example,com
執行部	副会長	森下　桜	6-2	翼	227-0000	神奈川県	横浜市青葉区奈良x-x-x	090-0000-0000	morisita@example.com
執行部	副会長	本郷　貴子	3-3	陽向	252-0000	神奈川県	藤沢市亀井野xxx-x	090-0000-0000	hongou@example.com
執行部	書記	小川　道子	5-1	七海	169-0000	東京都	新宿区西早稲田x-x-x	090-0000-0000	ogawa@example.com
執行部	書記	中野　未央	4-1	陸	162-0000	東京都	千代田区九段東2-x-x	090-0000-0000	nakano@example.com
執行部	会計	渋谷　桂子	6-3	結衣	350-0000	埼玉県	川越市伊勢原町xxx-x	090-0000-0000	sibuya@example.com
執行部	会計	青山　菫	5-3	美結	135-0000	東京都	江東区辰巳x-x-x-x	090-0000-0000	aoyam@example.com
執行部	会計監査	三田　聡志	6-1	空	162-0000	東京都	千代田区九段南2-x-x	090-0000-0000	mita@example.com
執行部	会計監査	清水　葉子	3-2	葵	124-0000	東京都	葛飾区立石x-x-x-x	090-0000-0000	simizu@example.com
学級委員	委員長	大門　侑生	6-1	陽向	227-0000	神奈川県	横浜市青葉区住吉xx-x	090-0000-0000	daimon@example.com
学級委員	副委員長	新橋　満尾	6-4	さくら	162-0000	東京都	千代田区九段北3-x-x	090-0000-0000	sibasi@example.com
学級委員	委員	木羽　加寿	5-3	大輝	136-0000	東京都	江東区亀戸x-x-x-x	090-0000-0000	kiba@example.com
広報委員	委員長	葛西　亜季	4-2	莉子	274-0000	千葉県	船橋市飯山満町x-x-x	090-0000-0000	kasai@example.com
広報委員	副委員長	森下　真史	6-3	美咲	134-0000	東京都	江戸川区中葛西x-x-x	090-0000-0000	morisita@example.com
広報委員	委員	船橋　優香	5-1	美桜	162-0000	東京都	千代田区九段西4-x-x	090-0000-0000	yukahunai@example.com
福利厚生	委員長	月島　愛	3-4	楓	105-0000	東京都	港区愛宕x-x-x	090-0000-0000	tuki@example.com
福利厚生	副委員長	目黒　理恵	5-2	結菜	252-0000	神奈川県	相模原市南区鶴間xx-x	090-0000-0000	meguro@example.com
福利厚生	委員	長汐　響	4-1	太一	180-0000	東京都	武蔵野市吉祥寺東x-x-x	090-0000-0000	nagasio@example.com
福利厚生	委員	上野　華	4-3	貴志	162-0000	東京都	千代田区九段西5-x-x	090-0000-0000	hana@example.com
企画委員	委員長	浜松　美穂	5-3	杏	353-0000	埼玉県	新座市栗原x-x-x	090-0000-0000	hamama@example.com
企画委員	副委員長	品川　久美子	6-2	蓮	358-0000	埼玉県	入間市親久x-x-x	090-0000-0000	sinagawa@example.com
企画委員	委員	中山　香織	3-2	翼	162-0000	東京都	千代田区九段北5-x-x	090-0000-0000	nakayama@example.com
地区委員	委員長	岩本　麻衣	5-1	心愛	113-0000	東京都	文京区本郷x-x-x	090-0000-0000	iwamoto@example.com

部署	役員	氏名	児童クラス	児童氏名	郵便番号	住所1	住所2	電話番号	メールアドレス
地区委員	副委員長	上原　智子	4-2	大和	162-0000	東京都	千代田区九段西5-x-x	090-0000-0000	uehara@example.com
地区委員	委員	四谷　裕子	5-4	真央	359-0000	埼玉県	所沢市西所沢x-x-x	090-0000-0000	yotuya@example.com
地区委員	委員	上倉　利通	5-5	咲良	162-0000	東京都	千代田区九段西6-x-x	090-0000-0000	kamikura@example.com
地区委員	委員	川村　余喜	5-6	拓海	273-0000	千葉県	鎌ケ谷市初富x-x-x	090-0000-0000	kawamura@example.com
図書委員	委員長	友部　美香	6-2	美咲	162-0000	東京都	千代田区九段西6-x-x	090-0000-0000	romobe@example.com
図書委員	副委員長	木本　潤子	3-3	将太	160-0000	東京都	新宿区信濃町x-x-x	090-0000-0000	kimoto@example.com
図書委員	委員	西尾　麗子	4-4	陽菜	216-0000	神奈川県	川崎市宮前区平x-x-x	090-0000-0000	nisio@example.com
図書委員	委員	高田　美樹	4-5	翔	[illegible]	[illegible]	[illegible]	[illegible]000-0000	takada@example.com
[illegible]	[illegible]	玖村　道哉	5-1	青[illegible]	[illegible]	[illegible]	[illegible]	[illegible]00-0000	michiya@example.com
[illegible]	[illegible]	[illegible]　明里	6-1	大[illegible]	[illegible]	[illegible]	[illegible]	[illegible]00-0000	hada[illegible]xample.com

2ページ目以降にタイトル行

表が複数ページにまたがる場合は、各ページに項目欄を印刷すると見やすくなります。

→p.112

ハイパーリンクの解除

セルにメールアドレスやURLを入力すると、自動的にハイパーリンクが設定されますが、不要な場合は解除できます。

→p.59

列を非表示にしてパスワードを設定する

個人情報が入力されているデータを取り扱うときは注意が必要です。
情報が不用意に人の目に触れないように、列を非表示にしてパスワードを設定します。

1 列を非表示にする

非表示にする列を選択して❶、[ホーム]タブ❷の[セル]グループの[書式]をクリックし❸、[非表示／再表示]にマウスポインターを合わせて、[列を表示しない]をクリックします❹。

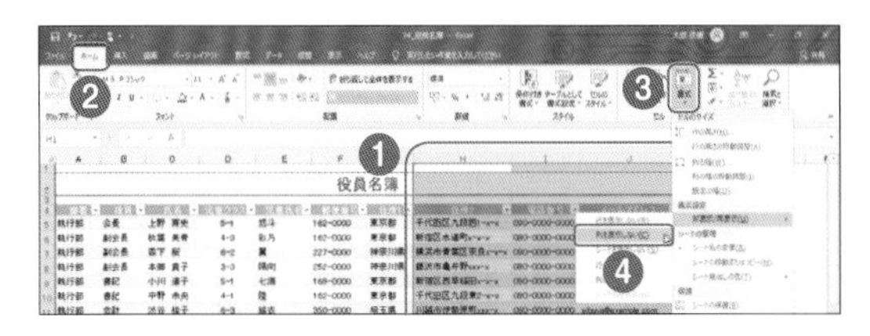

2 シートの保護を設定する

[校閲]タブ❶の[保護]グループの[シートの保護]をクリックします❷。

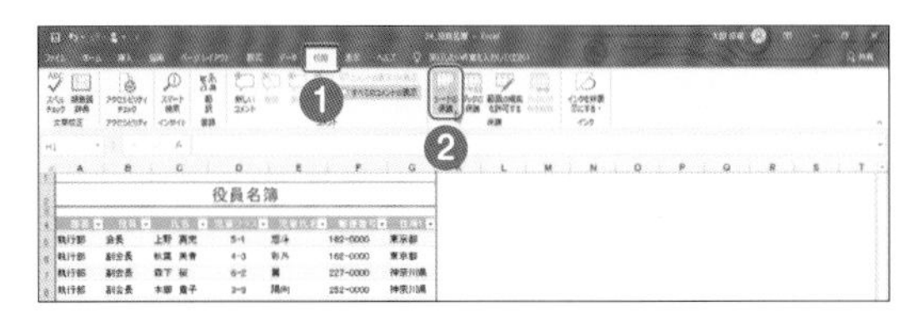

3 許可する操作を設定する

[このシートのすべてのユーザーに許可する操作]欄で[ロックされたセル範囲の選択]と[ロックされていないセル範囲の選択]にチェックを付けます❶。[シートとロックされたセルの内容を保護する]にチェックを付け❷、[シートの保護を解除するためのパスワード]欄に任意のパスワードを入力し❸、[OK]をクリックします❹。入力したパスワードは「＊」で表示されます。

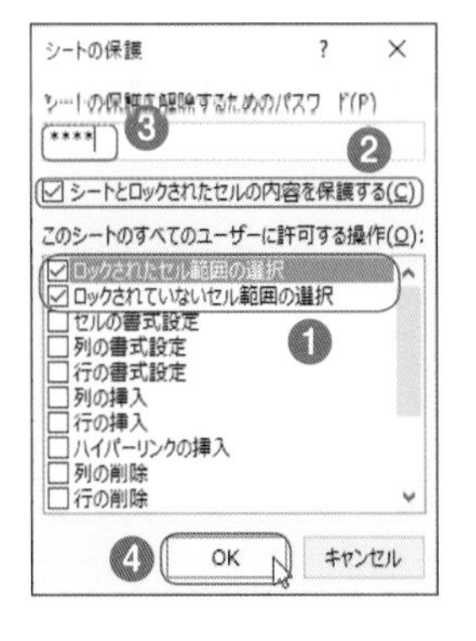

4 パスワードを再入力する

[パスワードの確認]ダイアログボックスの[パスワードをもう一度入力してください]に同じパスワードを入力し❶、[OK]をクリックします❷。

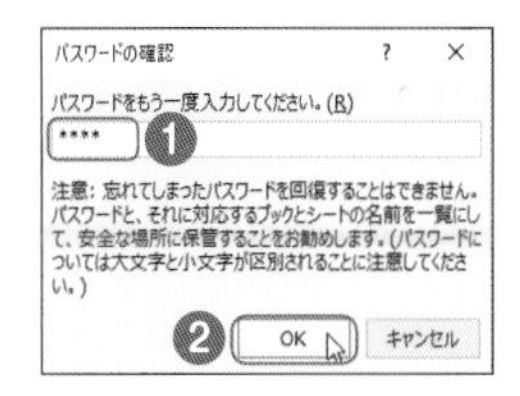

5 シートの保護を解除する

[校閲]タブ❶の[保護]グループの[シート保護の解除]をクリックします❷。[シート保護の解除]ダイアログボックスにパスワードを入力して❸、[OK]をクリックします❹。なお、列を再表示する方法については、p.107を参照してください。

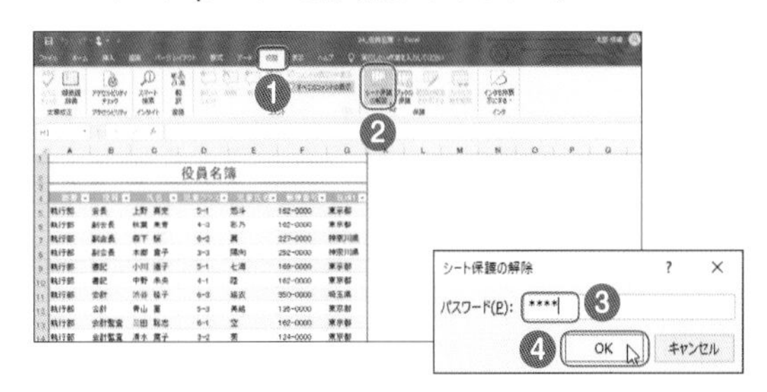

ひとくちメモ

ハイパーリンクを解除する

セルにメールアドレスやURLを入力すると、自動的にハイパーリンクが設定され、下線と文字色が設定されます。ハイパーリンクを解除する場合は、左下に表示される[オートコレクトオプション] をクリックして、[ハイパーリンクを自動的に作成しない]をクリックします。

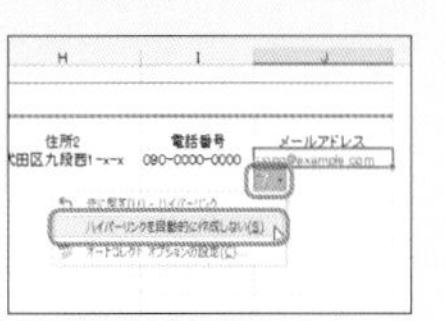

エクセルのセルを効率的に利用する

回答しやすく集計しやすいアンケート用紙

アンケート用紙のような表形式の書類を作成するときは、
エクセルのセルを利用すると手軽につくることができます。

「安心して暮らせるためのまちづくり」アンケート

さくら坂町自治会では、「元気に楽しく安心して暮らしていけるまちづくり」を目指して、さまざまな活動に取り組んでいます。今回、地域の皆様が自治会についてどのように考えられているか、どのように関わられているかについて、アンケートをお願いすることになりました。ご協力いただけますよう、よろしくお願いいたします。

Q1 あなたの性別、年齢、職業を教えてください。				
性別	1. 男性	2. 女性		
年齢	1. 20歳未満	2. 20歳代	3. 30歳代	4. 40歳代
	5. 50歳代	6. 60歳代	7. 70歳代	8. 80歳代
職業	1. 会社員	2. 公務員	3. 自営業	4. 会社役員
	5. 自由業	6. 学生	7. 専業主婦(夫)	8. その他

Q2 自治会の活動について総合的にどのくらい満足していますか。該当するものに○を付けてください。				
1. 満足している	2. やや満足している	3. ふつう	4. やや不満である	5. 不満である

Q3 防犯活動(子どもの見守り、パトロールなど)について満足していますか。該当するものに○を付けてください。				
1. 満足している	2. やや満足している	3. ふつう	4. やや不満である	5. 不満であ

Q4 高齢者や障碍者の見守り活動について満足していますか。該当するものに○を付けてください。				
1. 満足している	2. やや満足している	3. ふつう	4. やや不満である	5. 不満であ

Q5 環境美化活動(一斉清掃やゴミステーション管理など)について満足していますか。該当するものに○を付けてくだ				
1. 満足している	2. やや満足している	3. ふつう	4. やや不満である	5. 不満であ

Q6 今後、どのような分野の活動に積極的に取り組みたいですか。当てはまるものすべてに○を付けてください。	
1. 子どもの教育、乳幼児保育などの子育て支援	2. 高齢者、障碍者などの保険福祉活動
3. 音楽、スポーツなどの趣味のサークル活動	4. 祭りや伝統芸能などの維持、保存活動
5. パソコン教室、生涯学習などの教育学習活動	6. 地域の清掃などの環境美化活動
7. 親睦会、旅行会などの親睦活動	8. ボランティアやNPO活動

にご協力いただき、ありがとうございました。

さくら坂町自治会
総務部部長 香月 雅彦

罫線や塗りつぶしの設定

質問欄と回答欄のセルを適宜結合し、罫線を設定します。質問欄には塗りつぶしを設定して、回答欄と区別します。

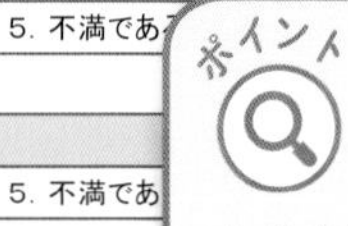

セルの結合

セルを結合して、文章を読みやすく、回答欄を大きく見やすくします。

→p.105

行の高さの調整

行の高さを広げて、記入する部分を大きく設定します。

→p.61

わかりやすく記入しやすい回答欄を作成する

エクセルを利用すると、セルを結合したり行の高さを調整したりして、
記入しやすいアンケート用紙を作成できます。

1 セルを横方向に結合する

文字を入力したセルを選択して❶、[ホーム]タブ❷の[配置]グループの[セルを結合して中央揃え]のをクリックし❸、[横方向に結合]をクリックします❹。回答欄のセルも同様に横方向に結合します。「年齢」「職業」のセルは下のセルと結合して中央揃えに設定します。

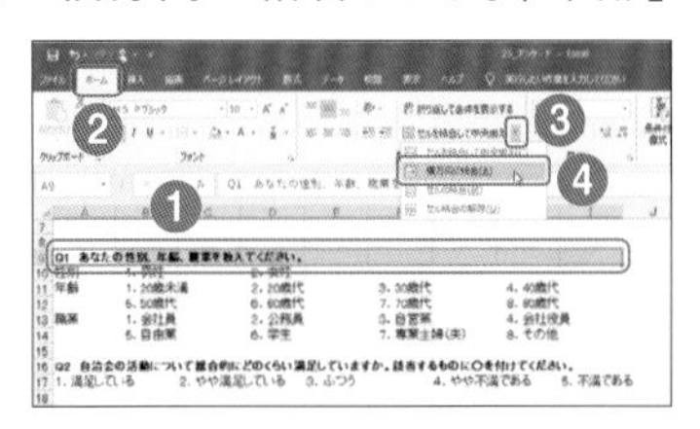

2 罫線を設定する

罫線を設定するセルを選択して❶、[ホーム]タブ❷の[フォント]グループタイトル右のをクリックします❸。[セルの書式設定]ダイアログボックスの[罫線]タブ❹の[スタイル]で罫線を選択し❺、[色]で任意の色を選択します❻。[プリセット]欄で[外枠]と[内側]をクリックし❼、[OK]をクリックします❽。

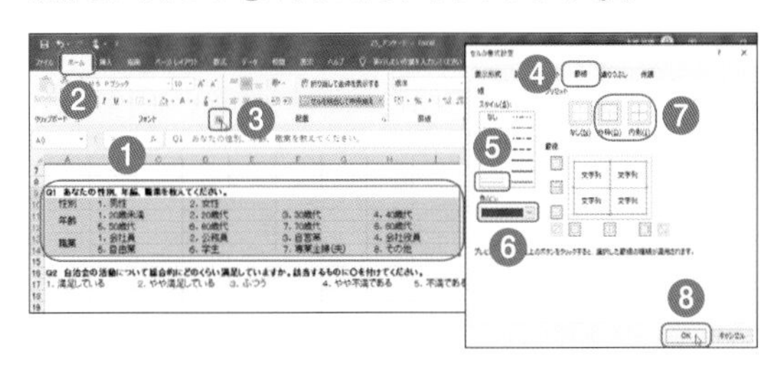

3 塗りつぶしを設定する

質問欄のセルを選択します❶。[ホーム]タブ❷の[フォント]グループの[塗りつぶしの色]のをクリックして❸、任意の色をクリックします❹。

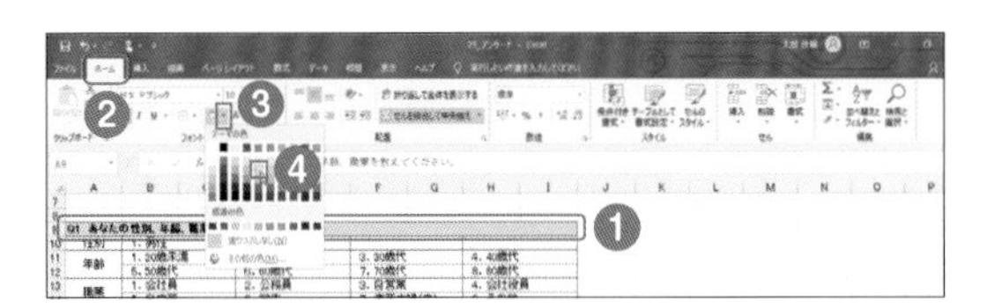

4 質問と回答欄をコピーする

作成した質問欄と回答欄のセルを範囲選択して❶、[ホーム]タブ❷の[クリップボード]グループの[コピー]をクリックします❸。挿入先のセルをクリックして❹、[貼り付け]をクリックします❺。

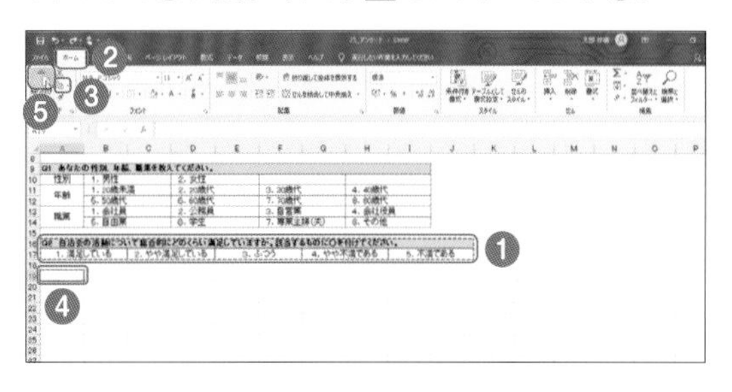

5 コピーした質問欄の内容を修正する

手順④の方法で必要な分だけコピーし、コピーしたセルの質問欄を変更します❶。

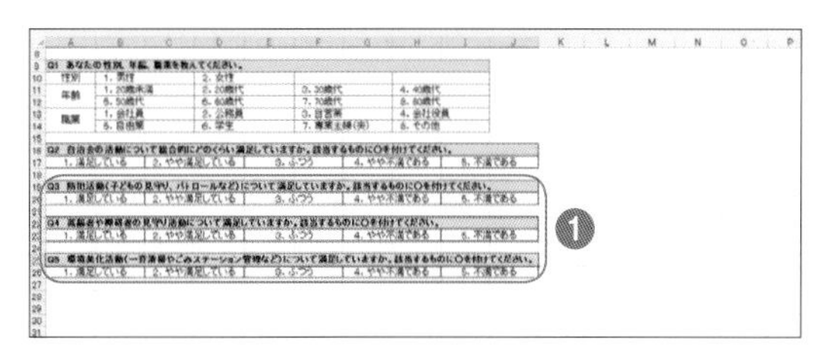

6 行の高さを調整する

高さを変更する行を選択して右クリックし❶、[行の高さ]をクリックします❷。[行の高さ]ダイアログボックスで任意の数値を入力して❸、[OK]をクリックします❹。

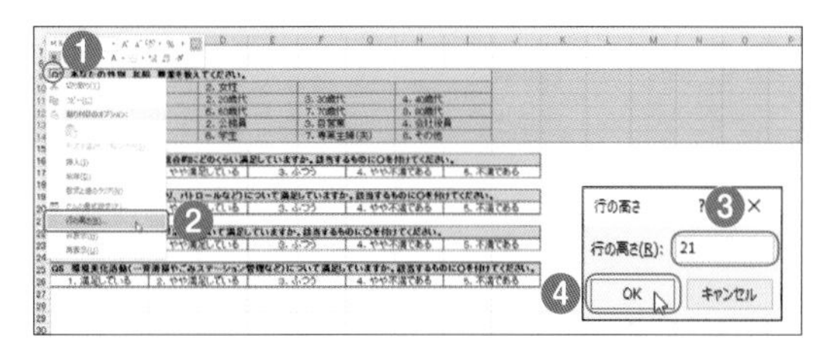

エクセルの表とグラフ機能を利用する

視覚的にわかりやすいアンケート結果報告書

エクセルの表とグラフを利用すると、
視覚的にわかりやすいアンケート結果報告書を作成できます。

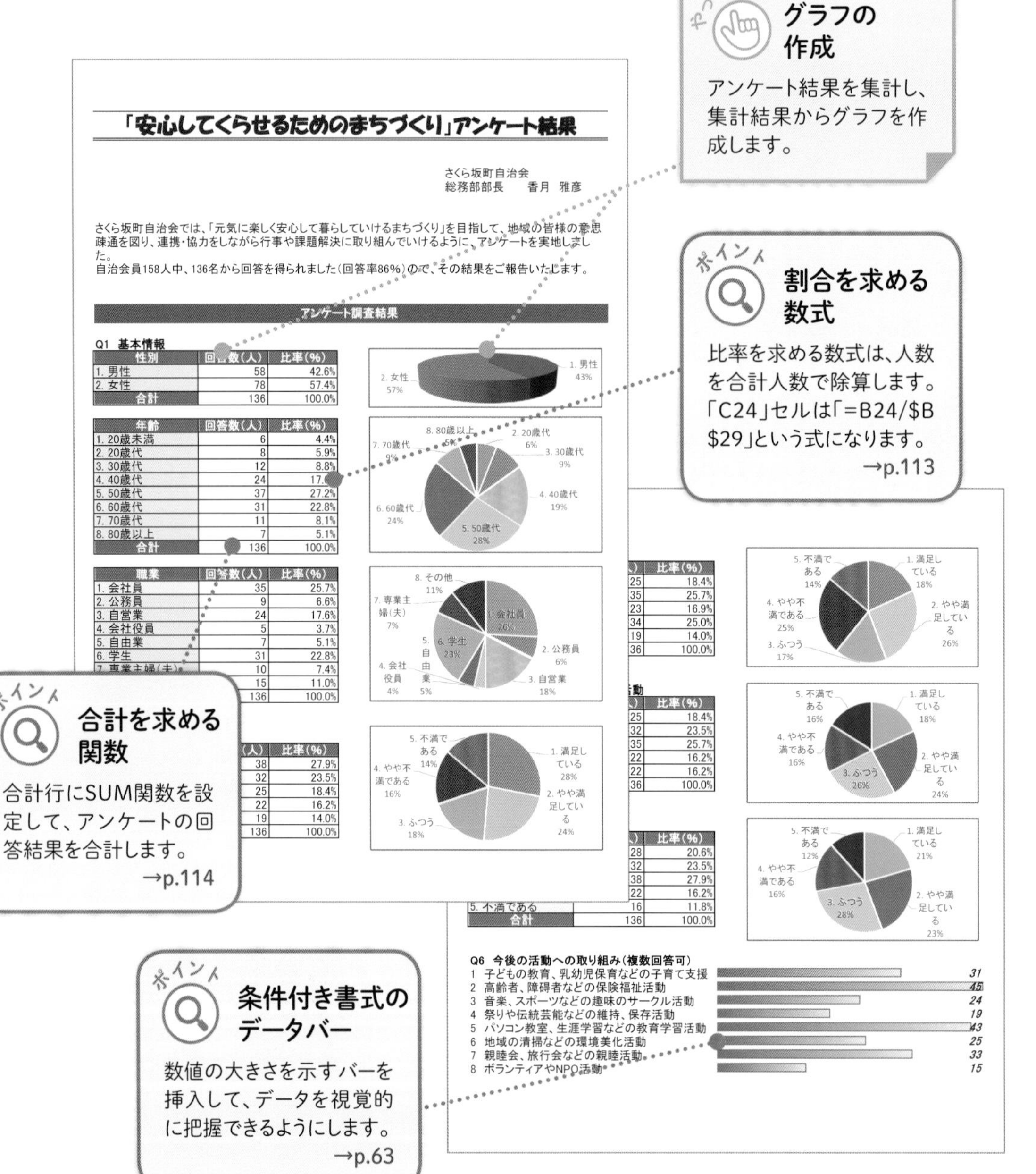

アンケート結果を集計し、結果をグラフにする

アンケート結果を集計してエクセルの表にまとめ、
その結果をグラフにして、ひと目でわかりやすい報告書を作成しましょう。

1 円グラフを作成する

グラフにする範囲を選択して❶、[挿入]タブ❷の[グラフ]グループの[円またはドーナルグラフの挿入] をクリックし❸、[2-D円]をクリックします❹。

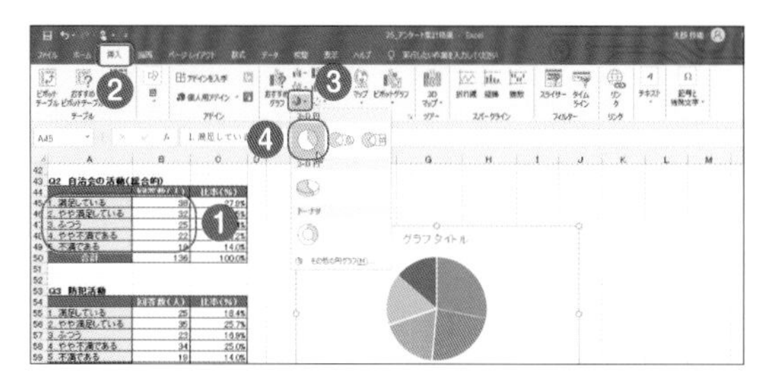

2 レイアウトを変更する

[デザイン]タブ❶の[クイックレイアウト]をクリックし❷、任意のレイアウトをクリックします❸。

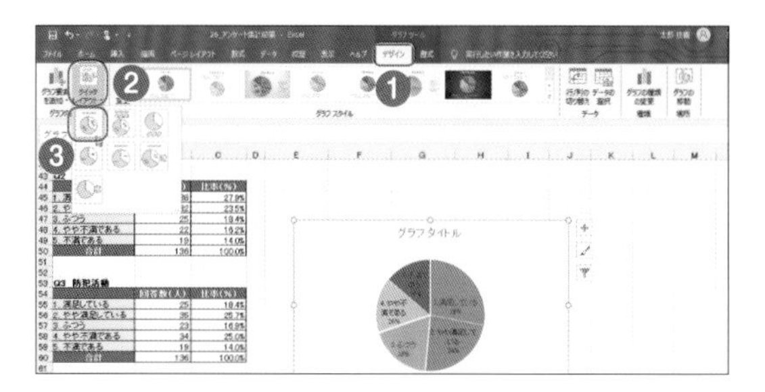

3 色を変更する

[デザイン]タブ❶の[色の変更]をクリックして❷、任意の色をクリックします❸。

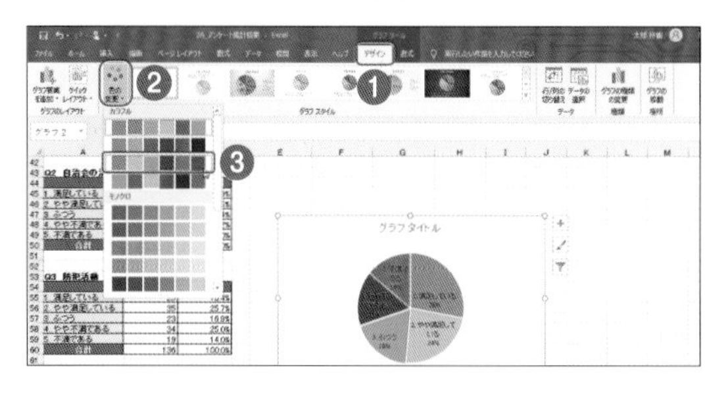

4 サイズを調整する

手順①で表示される「グラフタイトル」は削除します。グラフの周囲に表示されるサイズ変更ハンドル○にマウスポインターを合わせて、マウスポインターの形が に変わった状態でドラッグし、グラフのサイズを調整します❶。

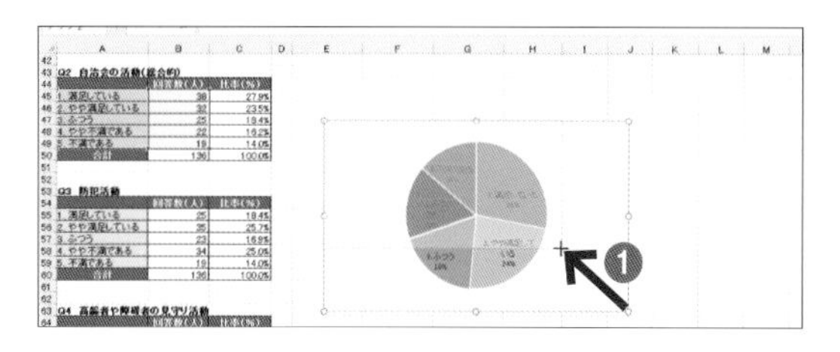

5 位置を調整する

グラフの何もない部分をクリックして、マスポインターが の形に変わった状態でドラッグし、位置を調整します❶。

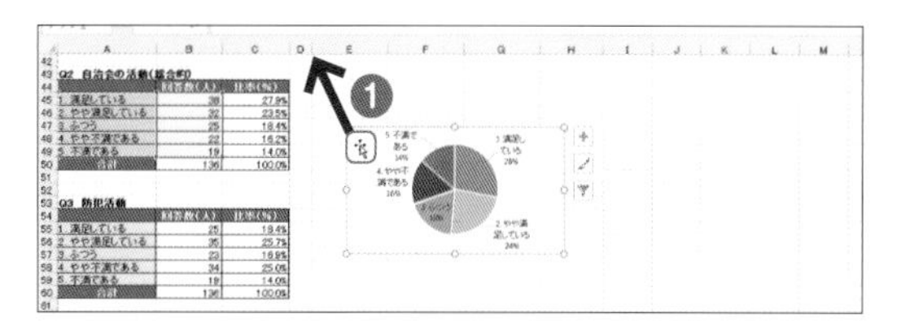

6 データバーを表示する

セル範囲を選択して❶、[ホーム]タブ❷の[条件付き書式]をクリックし❸、「データバー]にマウスポインターを合わせて、任意のデータバーをクリックします❹。

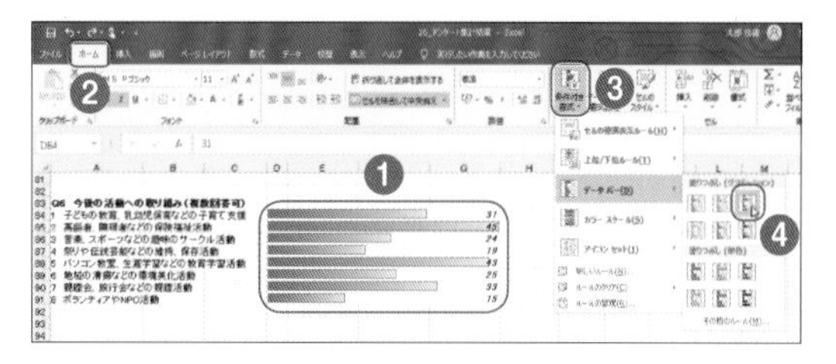

金額を入力するだけでかんたんに集計できる

計算式を活用して集計した決算報告書

毎年作成する決算報告書は、あらかじめ項目や計算式を設定しておくと、金額を変更するだけで自動的に集計できます。

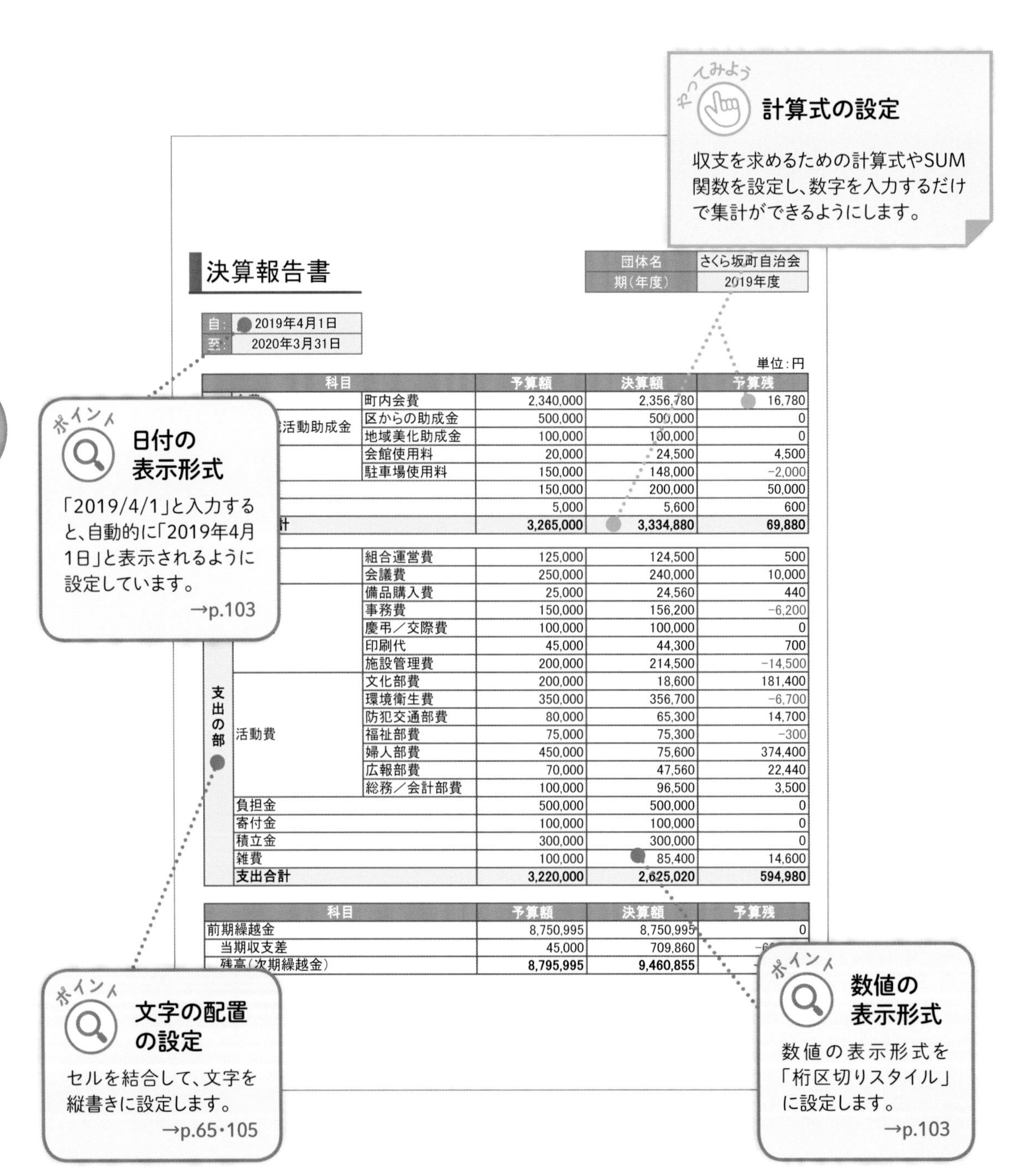

決算報告書

団体名	さくら坂町自治会
期(年度)	2019年度

自:	2019年4月1日
至:	2020年3月31日

単位:円

科目			予算額	決算額	予算残
		町内会費	2,340,000	2,356,780	16,780
	活動助成金	区からの助成金	500,000	500,000	0
		地域美化助成金	100,000	100,000	0
		会館使用料	20,000	24,500	4,500
		駐車場使用料	150,000	148,000	−2,000
			150,000	200,000	50,000
			5,000	5,600	600
	計		3,265,000	3,334,880	69,880

科目			予算額	決算額	予算残
支出の部		組合運営費	125,000	124,500	500
		会議費	250,000	240,000	10,000
		備品購入費	25,000	24,560	440
		事務費	150,000	156,200	−6,200
		慶弔／交際費	100,000	100,000	0
		印刷代	45,000	44,300	700
		施設管理費	200,000	214,500	−14,500
	活動費	文化部費	200,000	18,600	181,400
		環境衛生費	350,000	356,700	−6,700
		防犯交通部費	80,000	65,300	14,700
		福祉部費	75,000	75,300	−300
		婦人部費	450,000	75,600	374,400
		広報部費	70,000	47,560	22,440
		総務／会計部費	100,000	96,500	3,500
	負担金		500,000	500,000	0
	寄付金		100,000	100,000	0
	積立金		300,000	300,000	0
	雑費		100,000	85,400	14,600
	支出合計		3,220,000	2,625,020	594,980

科目	予算額	決算額	予算残
前期繰越金	8,750,995	8,750,995	0
当期収支差	45,000	709,860	−6
残高(次期繰越金)	8,795,995	9,460,855	

計算式を設定する

予算、決算の収入と支出を集計し、最終的に次期繰越金を求める計算式を設定します。
行や列で同じ計算式を設定する場合は、計算式をコピーします。

1 減算式を設定する(1)

[G8]セルをクリックして、半角で「=」と入力し❶、[F8]セルをクリックします❷。

2 減算式を設定する(2)

続いて、半角で「-」と入力して❶、[E8]セルをクリックし❷、Enter キーを押します。

単位：円

	科目		予算額	決算額	予算残
収入の部	会費	町内会費	2,340,000	2,356,780	=F8-E8
	区・地域活動助成金	区からの助成金	500,000	500,000	
		地域美化助成金	100,000	100,000	
	使用料	会館使用料	20,000	24,500	
		駐車場使用料	150,000	148,000	
	寄付金		150,000	200,000	
	雑収入		5,000	5,600	
	収入合計				
	管理費	組合運営費	125,000	124,500	
		会議費	250,000	240,000	
	需用費	備品購入費	25,000	24,560	
		事務費	150,000	156,200	
		慶弔／交際費	100,000	100,000	
		印刷代	45,000	44,300	
		施設管理費	200,000	214,500	
		文化部費	200,000	18,600	

3 数式をコピーする

[G8]セルをクリックして❶、右下のフィルハンドル(緑の点)にマウスポインターを合わせ、マウスポインターの形が＋に変わった状態で、[G14]セルまでドラッグします❷。

単位：円

	科目		予算額	決算額	予算残
収入の部	会費	町内会費	2,340,000	2,356,780	16,780
	区・地域活動助成金	区からの助成金	500,000	500,000	
		地域美化助成金	100,000	100,000	
	使用料	会館使用料	20,000	24,500	
		駐車場使用料	150,000	148,000	
	寄付金		150,000	200,000	
	雑収入		5,000	5,600	
	収入合計				
	管理費	組合運営費	125,000	124,500	
		会議費	250,000	240,000	
	需用費	備品購入費	25,000	24,560	
		事務費	150,000	156,200	
		慶弔／交際費	100,000	100,000	
		印刷代	45,000	44,300	
		施設管理費	200,000	214,500	
		文化部費	200,000	18,600	

4 [合計]を選ぶ

[E15]セルをクリックして❶、[ホーム]タブ❷の[編集]グループの[合計] Σ をクリックします❸。

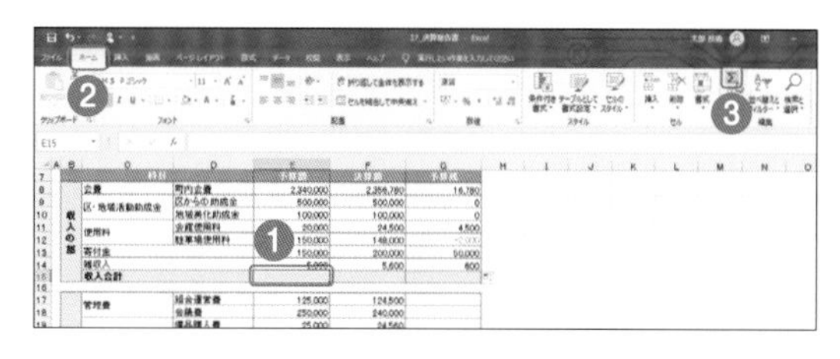

5 合計を求める

[E8]～[E14]セルが選択されて色が付き、点線で囲まれます。セル範囲に間違いがないかを確認して、Enter キーを押します❶。

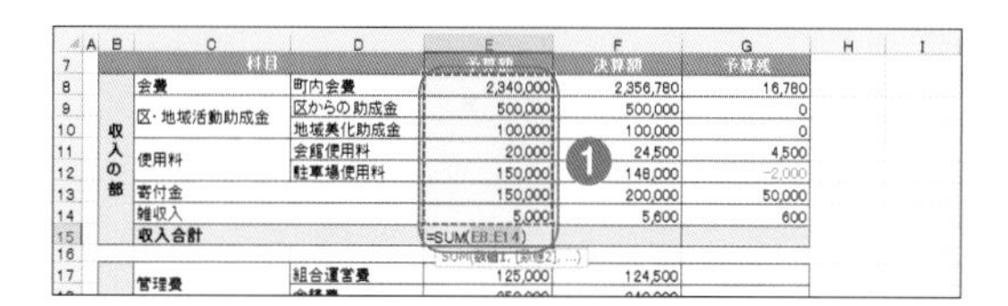

ひとくちメモ

文字列を縦書きにする

文字列を縦書きにするには、縦書きにするセルをクリックして、[ホーム]タブの[配置]グループの[方向]をクリックし、[縦書き]をクリックします。

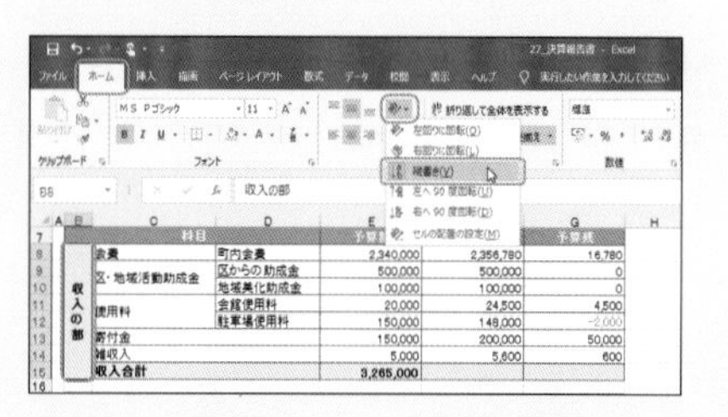

指定した年・月・日の曜日を自動的に表示する

年度の予定を1枚で管理できるスケジュール表

土日と対象の月に存在しない日付部分には、条件付き書式で自動的に塗りつぶしを設定しています。入力した年度によって日付や曜日が自動的に変更されます。

日付・曜日の自動変更

使用したい年度を入力すれば、入力した年の日付や曜日に自動的に変更されます。

→p.67

数式の設定

前年度を入力すると次年度が自動的に入力されるように、[K1]セルには「=B1+1」という数式を設定しています。

→p.113

2020 年度スケジュール 2021 年度スケジュール

日	4月	5月	6月	7月	8月	9月	10月	11月	12月	1月	2月	3月
1										元日		
2												
3		憲法記念日						文化の日				
4		みどりの日										
5		こどもの日										
6		振替休日										
7												
8												
9												
10					山の日							
11										成人の日	建国記念の日	
12												
13												
14												
15												
16												
17												
18												
19												
20												春分の日
21						敬老の日						
22						秋分の日						
23				海の日				勤労感謝の日			天皇誕生日	
24				スポーツの日								
25												
26												
27												
28												
29	昭和の日											
30												
31												

条件付き書式の設定

条件付き書式で、土日の部分と、対象の月に存在しない日付のセルに塗りつぶしを設定します。

表示形式の設定

単位を付けた数値が計算式に利用できるように、表示形式を「0"月"」に設定しています。

→p.103

曜日に応じてセルの色を変化させる

条件付き書式を利用して、条件に一致するセルに書式を設定します。
DATE関数を利用して日付を求め、WEEKDAY関数を利用して土日を判定します。

1 条件付き書式を選ぶ

条件付き書式を設定する[B4]～[J34]セルを範囲選択し❶、[ホーム]タブ❷の[スタイル]グループの[条件付き書式]をクリックして❸、[新しいルール]をクリックします❹。

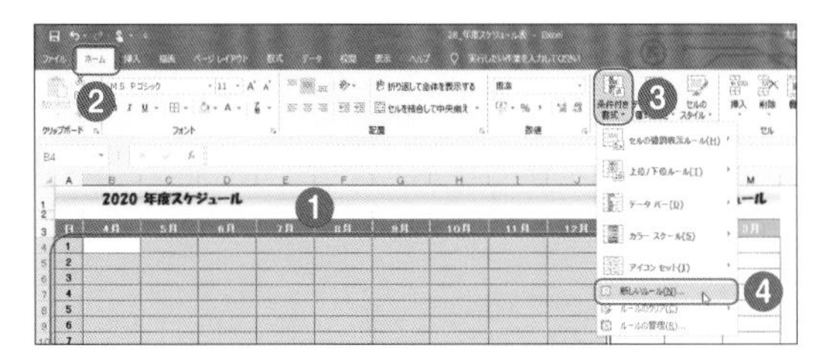

2 土曜日を判定する条件を設定する

[新しい書式ルール]ダイアログボックスの[ルールの種類を選択してください]欄で[数式を使用して、書式設定するセルを決定]をクリックします❶。[次の数式を満たす場合に値を書式設定]に「=WEEKDAY(DATE(B1,B$3,$A4))=7」と入力して❷、[書式]をクリックします❸。

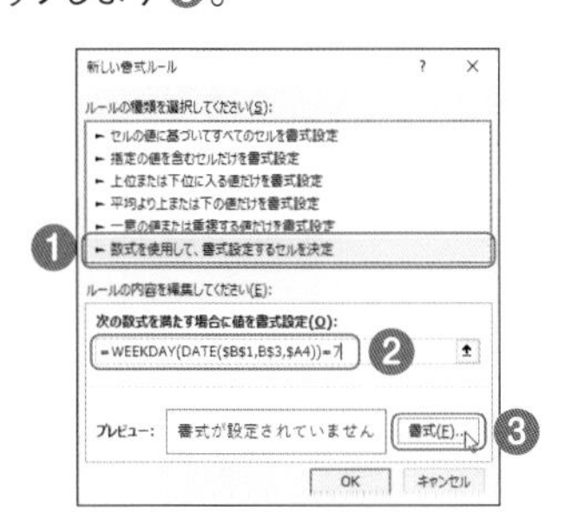

ひとくちメモ

WEEKDAY関数

WEEKDAY関数は、日付に対応する曜日を1～7までの整数で返す関数です。「7」は土曜日を、「1」は日曜日を指定しています。

3 書式を設定する

[セルの書式設定]ダイアログボックスで[塗りつぶし]タブ❶の[背景色]欄で任意の色をクリックし❷、[OK]をクリックします❸。[新しい書式ルール]ダイアログボックスに戻るので、[OK]をクリックします。

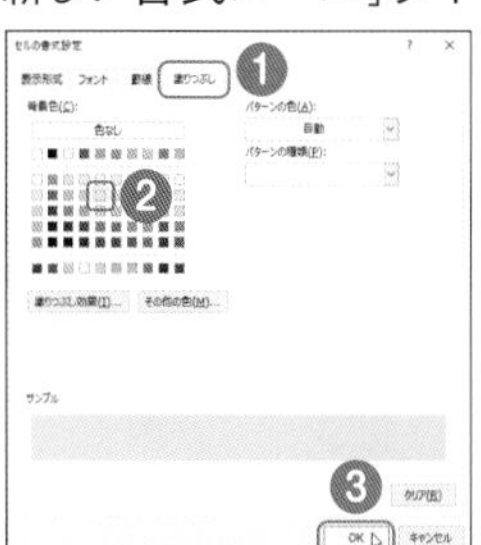

4 日曜日を判定する条件を設定する

手順①～③と同様の方法で、条件付き書式を設定します。手順②で入力する条件は、「=WEEKDAY(DATE(B1,B$3,$A4))=1」とします❶。

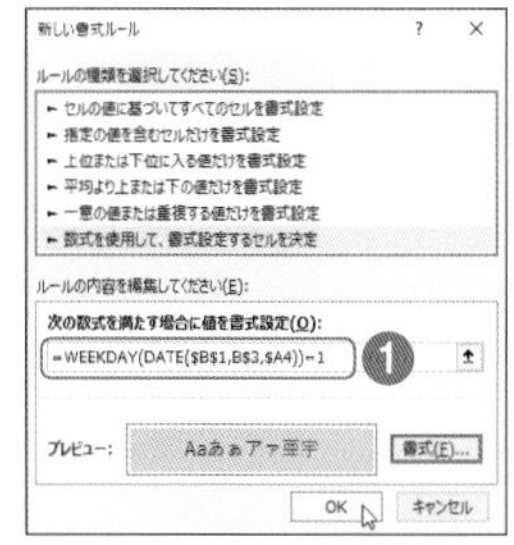

5 存在しない日付に条件を設定する

手順①～③と同様の方法で、条件付き書式を設定します。手順②で入力する条件は、「=MONTH(DATE(B1,B$3,$A4))<>B$3」とします❶。

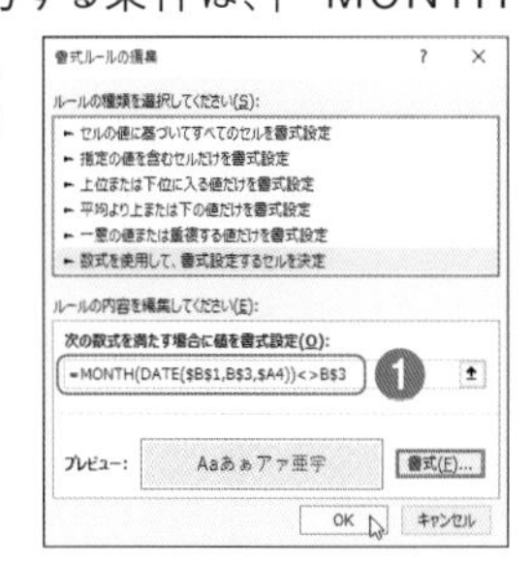

テキストボックスと図のリンク貼り付け

文字を自由に配置してつくる募集チラシ

テキストボックスや図の貼り付けを利用すると、
セルの位置や列や行のサイズに影響されずに、自由に文字を配置することができます。

リサイクル用品募集

ますますご健勝のこととお慶び申し上げます。日頃は大変お世話になっております。
さくら坂町自治会では、毎年リサイクル回収事業を行っておりますが、今年も第1回目の回収を下記の要領で行います。集まった品物は、リユースやリサイクルなどにより有効に活用させていただき、収益金は地域の公園の整備、緑化運動などに活用いたします。皆様のご協力をお願いします。

■ 募集品目 ■

・本(ISBN、バーコードが入ったもの)
・DVD、ブルーレイ、CD
、プラモデル、ミニカー
ー、バック、靴
品(未使用のもの)
用か未使用に近いもの)

★回収できないもの★
・家電製品
(テレビ、冷蔵庫、洗濯機、電子レンジなど)
・大型家具
・食料品

■ 回収場所 ■

さくら坂町集会所　正面入り口
神楽神社境内
C　青葉小学校校庭
D　神楽横丁リサイクルセンター

■ 回 収 日 ■

回	日	曜日	時間	悪天延期日	
1	5月10日	日	13:00～15:00	5月14日	木
2	5月17日	日	10:00～12:00	5月21日	木
3	5月24日	日	13:00～15:00	5月28日	木

さくら坂町自治会　会長　神田
連絡先　03-0

ポイント
ワードアートの変形
ワードアートを挿入して、文字を凹レンズ形に変形します。
→p.90

ポイント
テキストボックスの挿入
テキストボックスを挿入し、セルの位置やサイズに影響されずに文字を配置します。
→p.106

図としてリンク貼り付け
表をコピーして、シートの任意のセルに「リンクされた図」として貼り付けます。

ポイント
オンライン画像の挿入
オンライン画像を挿入して、色を変更します。
→p.107

表を図としてリンク貼り付けする

エクセルの表をコピーして、シートの任意の位置に「リンクされた図」として貼り付けます。
元の表のデータを変更すると、貼り付けた表にも変更が反映されます。

1 表をコピーする

表を選択して❶、[ホーム]タブ❷の[クリップボード]グループの[コピー]をクリックします❸。

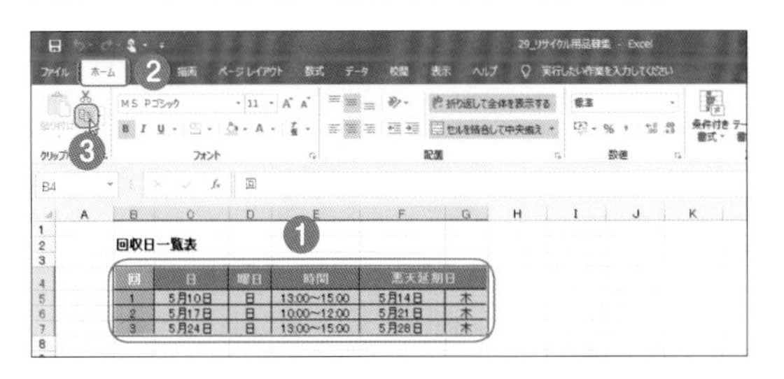

2 [リンクされた図]を選ぶ

表の貼り付け先のセルをセルをクリックして、[ホーム]タブ❶の[クリップボード]グループの[貼り付け]をクリックし❷、[その他の貼り付けオプション]欄で[リンクされた図]をクリックします❸。

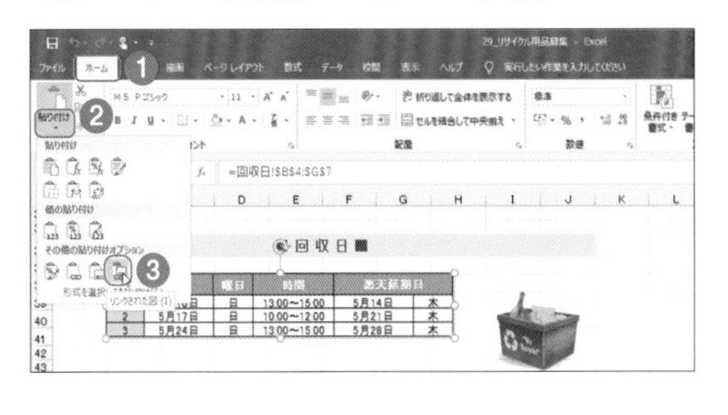

3 サイズを調整する

表の周囲に表示されているサイズ変更ハンドル○にマウスポインターを合わせて、マウスポインターの形が に変わった状態でドラッグし、表のサイズを調整します❶。

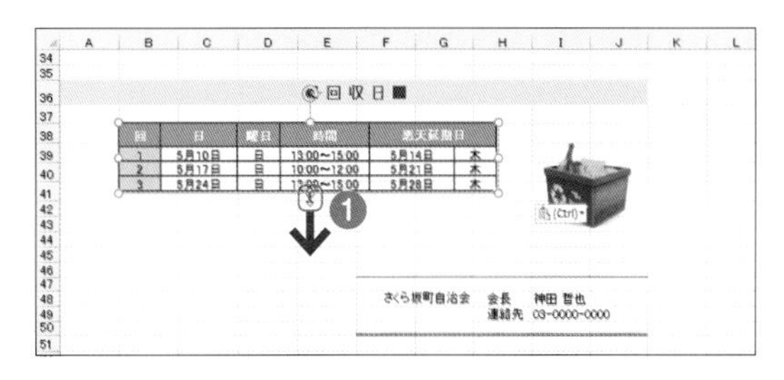

4 位置を調整する

貼り付けた表にマウスポインターを合わせて、マウスポインターの形が に変わった状態でドラッグし、位置を調整します❶。

ひとくちメモ

リンクではなく図として貼り付けることもできる

表をリンク貼り付けではなく、単に図として貼り付けることもできます。この場合は、元のデータの変更が反映されません。手順②の[その他の貼り付けオプション]欄で[図]をクリックします。

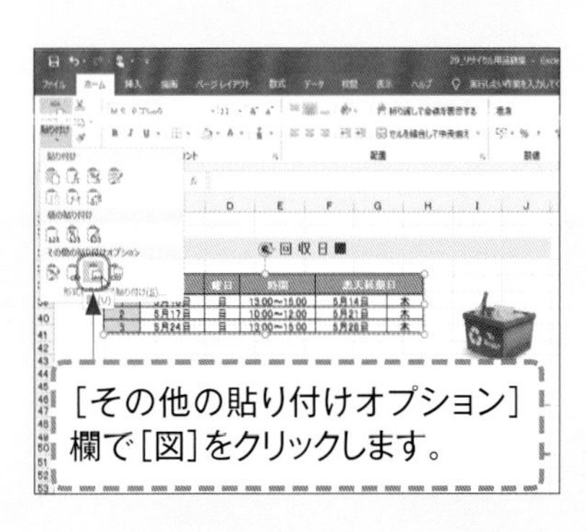

セルに塗りつぶしを設定して罫線でつなぐ

色分けしたブロックで結果がわかりやすいトーナメント表

セルを結合してチーム名を入力し、グループごとに塗りつぶしを設定して、対戦相手を罫線でつなぎます。

ポイント

オンライン画像の挿入

「ソフトボール」をキーワードにしてオンライン画像を検索し、イラストを挿入します。
→p.107

ポイント

保存してある画像の挿入

パソコンに保存してある画像を挿入して、色を変更します。
→p.91・92

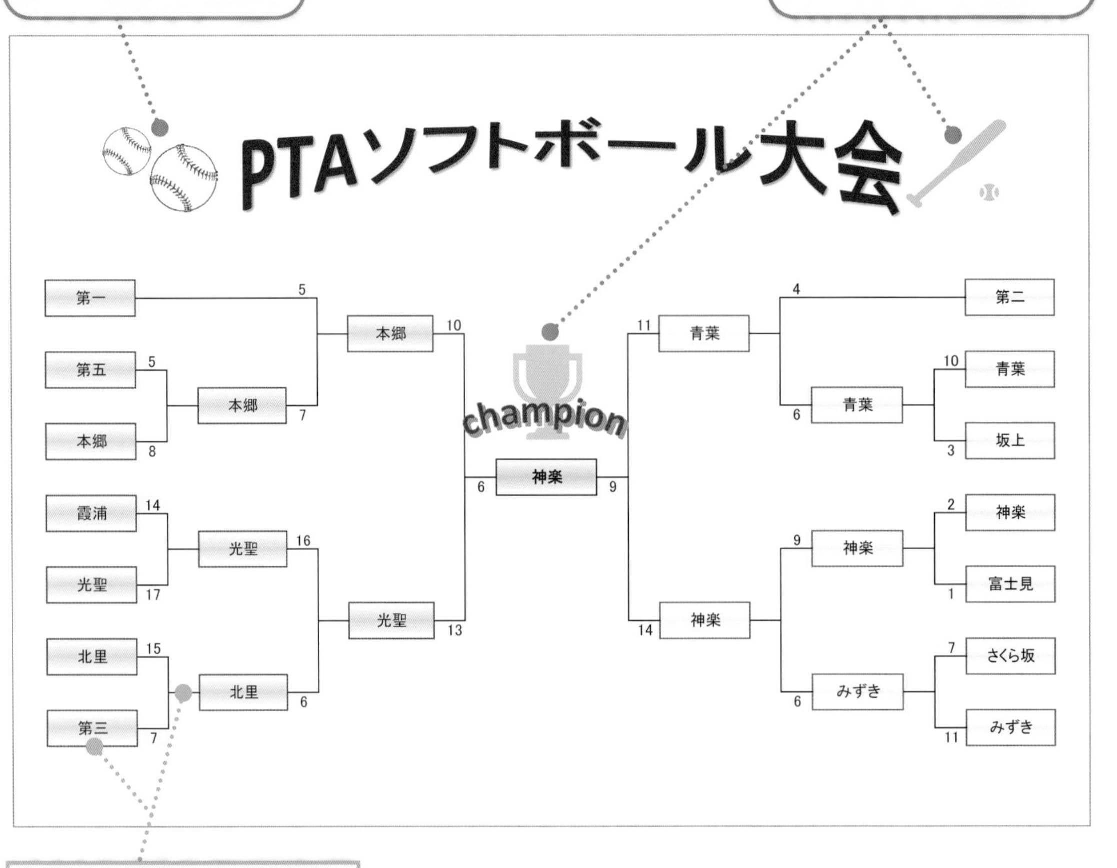

やってみよう

セルの塗りつぶしと罫線の設定

セルを結合してグラデーションを設定し、罫線でつなぎます。

セルにグラデーションを設定して罫線でつなぐ

セルを結合して、チームごとに異なる色のグラデーションを設定し、
対戦相手のチームのセルを罫線でつなぎます。

1 [セルの書式設定]を開く

同じブロックのチームにしているセルを Ctrl キーを押しながらクリックして❶、[ホーム]タブ❷の[フォント]グループ右下の をクリックします❸。

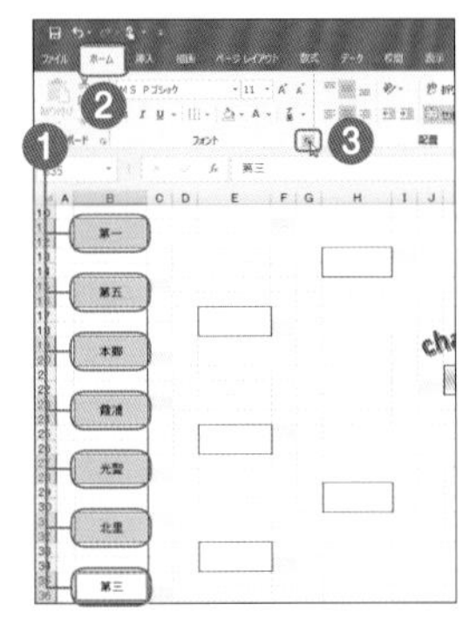

2 [塗りつぶし効果]を選ぶ

[セルの書式設定]ダイアログボックスの[塗りつぶし]タブ❶の[塗りつぶし効果]をクリックします❷。

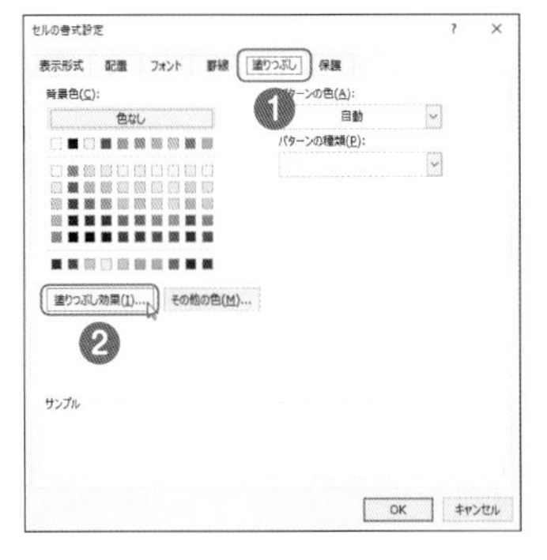

3 グラデーションを設定する

[塗りつぶし効果]ダイアログボックスの[色]欄で[2色]をクリックし❶、[色1]と[色2]に任意の色を設定します❷。[グラデーションの種類]欄で任意の種類とバリエーションを選択し❸、[OK]をクリックします❹。[セルの書式設定]ダイアログボックスに戻るので、[OK]をクリックします。

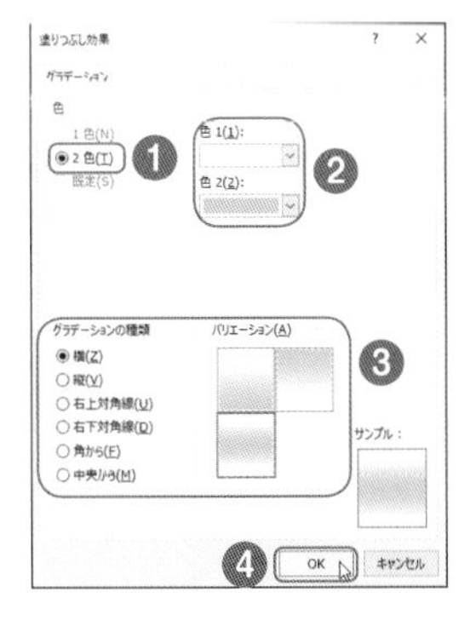

4 セルをコピーして貼り付ける

セルをクリックし❶、[ホーム]タブ❷の[コピー] をクリックします❸。貼り付け先のセルを選択して❹、[クリップボード]グループの[貼り付け] をクリックします❺。同様の方法で該当部分のセルを貼り付けます。

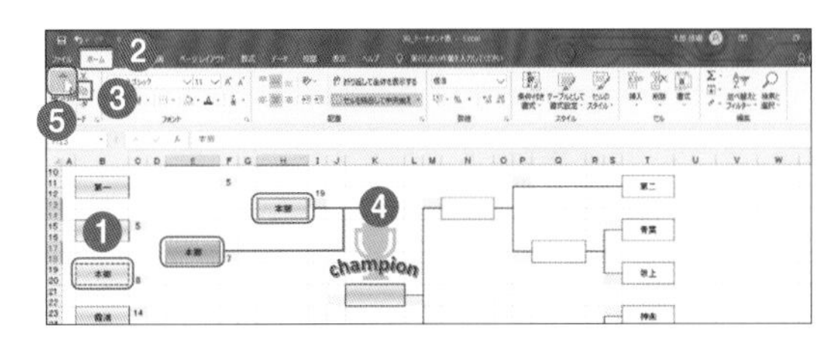

5 セルを選択して下罫線を設定する

下罫線を引くセルを選択して❶、[ホーム]タブ❷の[フォント]グループの[罫線] の をクリックし❸、[下罫線]をクリックします❹。

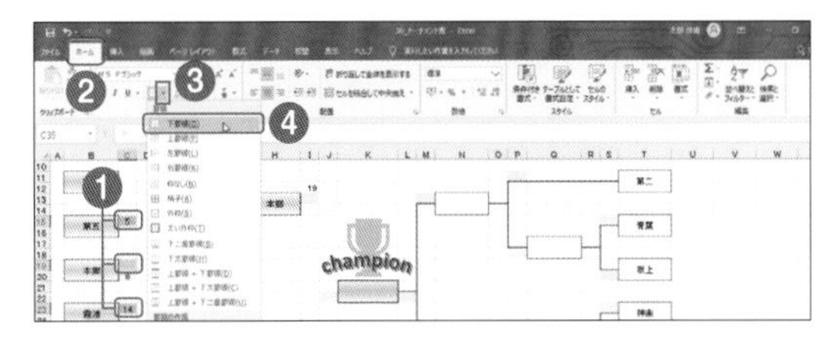

6 セルを選択して右罫線を設定する

右罫線を引くセルを選択して❶、[ホーム]タブ❷の[フォント]グループの[罫線] の をクリックし❸、[右罫線]をクリックします❹。手順⑤、⑥の方法で該当部分に罫線を設定します。

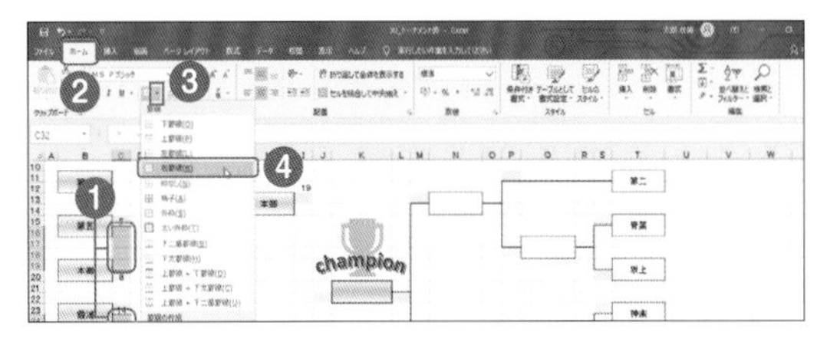

上下関係や役割がひと目でわかる

カラフルで立体的な組織図

複雑な階層構造でできている組織図も、「SmartArt」を利用すると、一覧から選択するだけでかんたんに作成できます。

図形の挿入

図形を挿入して、タイトルを作成しています。

→p.92

SmartArtの挿入

SmartArtを挿入して組織図を作成します。図形を追加してスタイルを変更しています。

→p.125

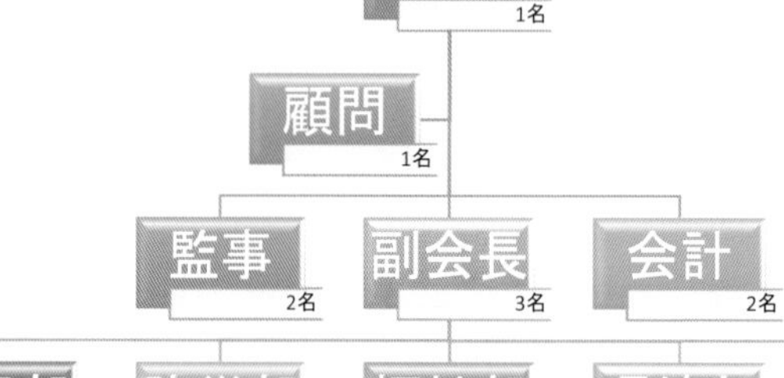

総務部 部長以下若干名
文書管理
備品管理
会員連絡事務

防犯部 部長以下若干名
防犯対策
青少年育成
学童の安全活動

防災部 部長以下若干名
交通安全活動
防災対策
災害情報の把握

福祉部 部長以下若干名
高齢者福祉関係
福祉推進活動
健康づくり

環境部 部長以下若干名
町内公園管理
町内清掃管理
資源ごみの管理

行事部 部長以下若干名
スポーツの振興
イベント関連
交流事業

広報部 部長以下若干名
広報誌の発行
ホームページ更新
会議の資料作成

テキストボックスの挿入

テキストボックスを挿入して、スタイルを設定し、文字を左右中央に配置します。

→p.106

追加や削除がかんたんにできる

わかりやすい電話&メール連絡網

連絡網は、誰にでも見やすくシンプルなものにする必要があります。「SmartArt」を利用すると、連絡網が手軽に作成できます。

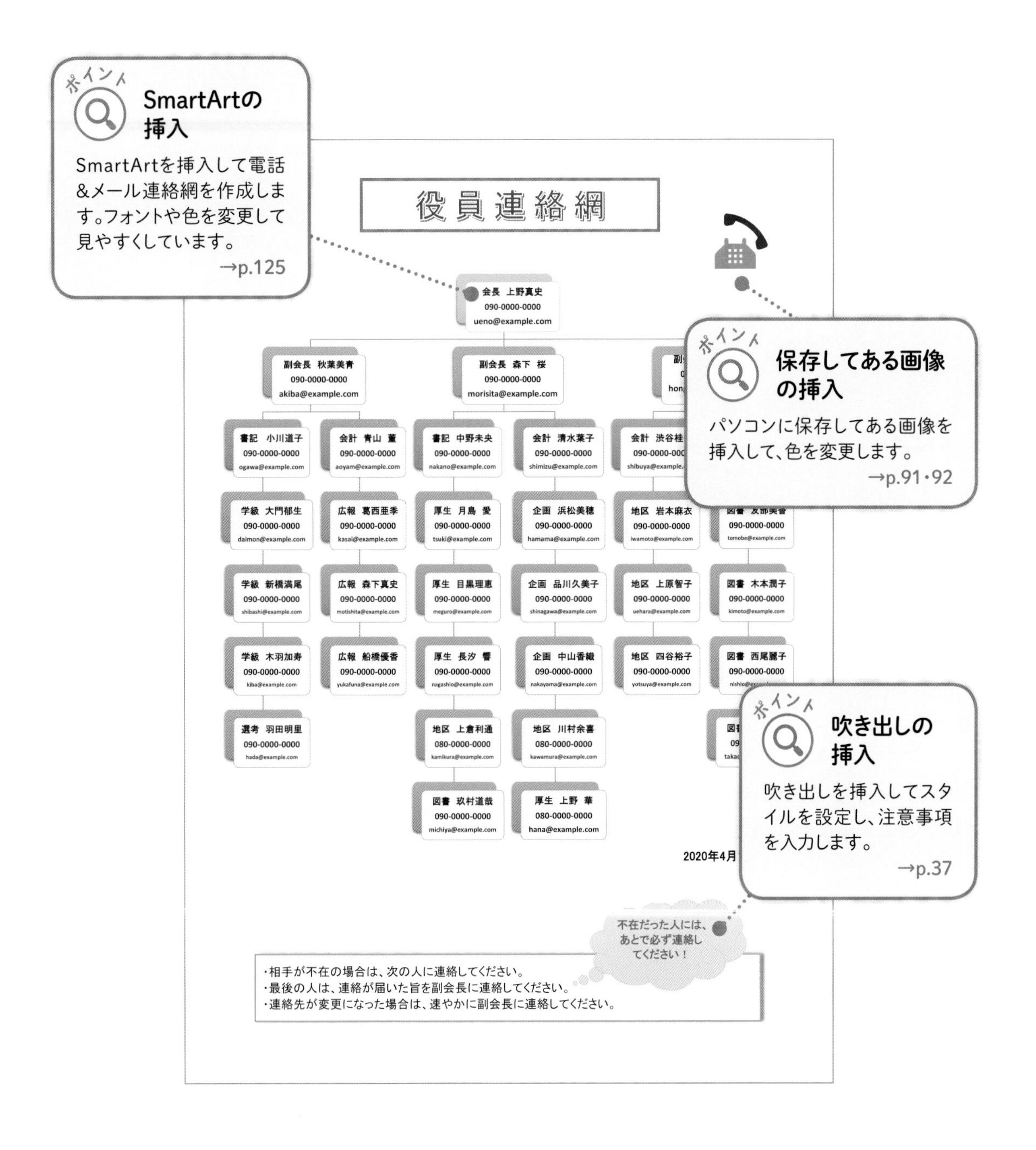

文書の作成に役立つ

そのまま使える文例・デザイン文字

文書を作成するうえで参考になる文例や時候の挨拶、
メールの文例、チラシやポスターなどで使えるデザイン文字を掲載しています。

場面に合わせた文例・時候の挨拶・メールの文例

時候の挨拶や場面に合わせた的確な内容などを文例集（サンプルファイル）としてまとめています。
一部をさしかえるだけで活用することができます。また、メールでの文面例も紹介します。

挨拶・報告

ファイル名
挨拶-01.docx

令和２年４月25日

陽春の候、○○会の皆様には、ますます御健勝のこととお慶び申し上げます。日頃は○○会の活動にご理解とご協力をいただき厚く御礼申し上げます。
さて、４月15日の○○会定期総会におきまして、会長に就任いたしました○○○○と申します。よろしくお願い申し上げます。
この歴史ある○○会の伝統を継承し、さらに盛り立て、発展させて参りたいと存じます。皆様のご指導とご鞭撻を賜りますようよろしくお願い申し上げます。

ファイル名
挨拶-02.docx

会員各位

新緑の候、ますます御健勝のこととお慶び申し上げます。
さて、平成28年４月以来○○会会長の任にありましたが、この度任期満了により退任いたしました。
会長在任中は　会員の皆様とともに会の発展に努めて参ったと自負しております。皆様方には多大なご尽力を賜りましたこと厚く御礼申し上げます。
後任には○○○○さんが就任いたしました。私同様かわらぬご支援ご懇情を賜りますようお願い申し上げます。

令和２年５月吉日

○○ ○○

ファイル名
報告-01.docx

2020年6月3日

当会の広報部長　○○○○殿が令和2年6月1日にご逝去されました。謹んでご通知申し上げます。
長年、当会を支えてくださった功績を称えるとともに、ご冥福をお祈り申し上げます。
通夜・告別式につきましては、別紙のとおりです。
ご遺族様のご意向により、ご供花、ご供物の儀はご辞退されておりますので、ご承知おきください。
なお、当会におきましては、後日お別れ会を開きたいと存じます。

ファイル名
報告-02.docx

2020年7月吉日

灼熱の候、ますます御健勝のこととお慶び申し上げます。
さて、当会の将棋クラブが出場しておりました「自治会対抗将棋大会」におきまして、見事優勝いたしましたことをご報告申し上げます。
団長の○○○○様をはじめ、5名の棋士が全員勝ち進んでの完全優勝となりました。日頃より応援くださいました皆様の熱い思いが届いた結果だと存じます。
なお、当会では、将棋クラブの健闘を称え、別途祝勝会を開催いたします。
取り急ぎ、ご報告申し上げます。

要請・依頼

ファイル名
要請・依頼-01.docx

令和2年7月吉日

盛夏の候、ますますご清栄のこととお慶び申し上げます。日頃より当会の運営にご理解をいただき厚く御礼申し上げます。
さて、今年度の年会費を下記のとおり集金させていただきますので、お知らせいたします。
ご多用のところ誠に恐縮ですが、ご協力のほどよろしくお願い申し上げます。

ファイル名
要請・依頼-02.docxc

2020年6月吉日

向夏の候、皆様方におかれましてはますます御健勝のこととお慶び申し上げます。
さて、7月2日に恒例の水泳大会を開催いたします。世代別自由形、混合リレーなどの本格的な競技のほか、小さなお子様の水際競技や宝さがし、ご高齢の水中散歩など多様なプログラムを用意しております。ご家族、お知り合いをお誘いくださり、多くの方々にご参加いただけますようお願いいたします。また、当日の応援もお待ちしております。
お忙しい時期とは存じますが、ぜひ皆様お越しください。

ファイル名
要請・依頼-03.docx

2020 年 9 月吉日

時下ますますご清祥の段、お慶び申し上げます。平素はひとかたならぬご尽力を賜り、誠にありがとうございます。会員一同御礼申し上げます。
さて、本年も芋煮会を開催いたします。そこで、甚だ恐縮ではございますが、材料・機材購入のためのご寄付を仰ぎたくお願いする次第でございます。
ぜひ、ご協力いただけますようよろしくお願い申し上げます。

御礼

ファイル名
御礼-01.docx

令和 2 年 4 月吉日

桜花爛漫の候、ますますご清栄のこととお慶び申し上げます。
過日開催いたしました「花まつり」の折りには、多大なるご支援を賜り御礼申し上げます。
おかげさまで、天候にも恵まれ、無事に開催することができました。当日は多くの方々にご参加いただき、さらに交流を深めることができましたこと、ご報告させていただきます。
これもひとえに皆様方のお力添えの賜物と、実行委員会一同改めて感謝申し上げます。
今後ともよろしくお願い申し上げます。

ファイル名
御礼-02.docx

大寒のみぎり、○○様におかれましては、ますます御健勝のこととお慶び申し上げます。
さて、当会主催の防犯講演会の講師をお引き受けいただけるとのお返事をいただきました。ご多忙の中、誠にありがとうございます。
“子どもたちを守るためにできること”をテーマに、PTA、自治会など地域全体で学び、今後の町の安全のために生かしていきたいと思います。当日はどうぞよろしくお願い申し上げます。

ファイル名
御礼-03.docx

令和 2 年 3 月 20 日

○○様
早春の候、○○様におかれましては、ますますご清栄のこととお慶び申し上げます。平素は格別のご高配を賜り、厚く御礼申し上げます。
このたびは、結構な御品物を頂戴いたしまして、誠にありがとうございました。○○一同心より御礼申し上げます。
取り急ぎ、書面にて御礼申し上げます。

抗議・催促

ファイル名

抗議・催促-01.docx

地域の皆様へ

令和２年２月１日

余寒の候、地域の皆様におかれましては、ますます健勝のこととお慶び申し上げます。
さて、このところ早朝や深夜にもかかわらず騒音が聞こえるという苦情が、多くの方より寄せられています。睡眠障害や精神的な苦痛によって、日常生活に支障が出ているご家庭もあります。
「生活騒音に対するマナーについて」のチラシをお配りいたしました。お互いにマナーを守って、安心して生活ができる地域をつくっていきましょう。
ご協力をお願い申し上げます。

ファイル名

抗議・催促-02.docx

令和２年10月１日

錦秋の候、○○様におかれましては、ますます御健勝のこととお慶び申し上げます。日頃は当会の活動にご理解をいただき御礼申し上げます。
さて、９月30日現在、貴殿の本年度の○○費が未納となっております。つきましては、10月15日までに、下記口座もしくは会計へご納入くださいますようお願いいたします。
すでにお振り込み済みで、本状と行き違いになってしまった場合はご容赦ください。

ファイル名

抗議・催促-03.docx

令和２年12月１日

○○様におかれましては、ますます御健勝のこととお慶び申し上げます。
さて、先日○○会についてのご案内をお届けいたしましたが、お受け取りいただけましたでしょうか。未だご返事をいただいておらず、案内状到着の無事を案じているところでございます。
会場準備等の都合もございますので、催促がましく誠に恐縮ではございますが、折り返しご出席の諾否をお知らせくださいますよう、重ねてお伺い申し上げます。
誠にお手数ではございますが、下記までご連絡くださいますよう、お待ち申し上げております。
なお、本状と行き違いにご返事いただきました節は、誠に申し訳ございません。
取り急ぎ、お返事のお願いを申し上げます。

時候の挨拶

挨拶文は、時候の挨拶→安否の挨拶→感謝の挨拶で構成するのが一般的です。冒頭の時候は文書の発行月に合わせた用語を用い、安否の挨拶文として以下のような文面を続けます。

ますます清祥のこととお慶び申し上げます。
ますますご健勝のこととお慶び申し上げます。
お元気でお過ごしのこととお慶び申し上げます。

例）
初春の候、皆様方におかれましてはますますご健勝のこととお慶び申し上げます。
立夏のみぎり、皆さまお元気でお過ごしのこととお慶び申し上げます。

月	書き出し例（「~の候」「~のみぎり」「~の折り」を付けます）
1月	新春、初春、頌春、迎春、厳寒、厳冬、小寒、大寒、厳寒、寒冷
2月	立春、早春、春浅、梅花、紅梅、梅鶯、中陽、節分、寒明け
3月	春分、春風、春色、春陽、麗日、軽暖、雪解、弥生
4月	春暖、春晩、春日、春風、春和、惜春、仲春、桜花
5月	惜春、暮春、藤花、薫風、陽光、新緑、青葉、若葉、立夏
6月	入梅、梅雨、梅雨寒、梅雨空、長雨、小夏、初夏、立夏
7月	盛夏、仲夏、猛暑、酷暑、炎暑、大暑、盛暑、向暑、厳暑
8月	残暑、晩夏、残夏、処暑、暮夏、暁夏、新涼、秋暑
9月	初秋、早秋、爽秋、新秋、仲秋、秋冷、秋雨、秋涼、黄葉
10月	秋晴、秋麗、秋月、菊花、紅葉、涼寒、朝寒、錦秋、金風
11月	晩秋、霜秋、深秋、向寒、残菊、落葉、初霜、初冬、立冬
12月	師走、寒冷、初冬、歳末、歳晩、霜寒、極月、孟冬、忙月

メールの文例

最近では案内や通知をメールで送信することが多くなりました。メールの場合は、余計な文章は省き、内容をわかりやすく伝えることを重視します。ただし、失礼にならないよう文面には気を付けましょう。

◎メールの書き方の注意

・件名はわかりやすく。会名を入れる、文面の内容を入れるなど
　例:【かぐら坂町自治会】総会のご案内
　　総会のご案内-青葉小PTA
・メッセージは明確に
　手紙のようなていねいな時候の挨拶などは省略し、用件を正確に伝える
・返信が必要な場合は「○○まで必ずご返信ください。」を添える

ファイル名
メール_案内-01

○○会　役員会開催のご案内

役員の皆様

定例の役員会を下記のとおり開催いたします。

ご多忙の中恐縮ですが、ご出席くださいますようご案内申し上げます。
なお、7月20日までに出欠をご連絡ください。

日時：7月22日（水）午後2時
場所：○○会議室

ファイル名
メール_通知-01

一斉清掃の実施

地域の皆様へ

新緑が美しい季節になりました。

さて、下記のとおり一斉清掃を実施いたします。
ご協力のほどよろしくお願いいたします。

日時：5月10日（日）午前9時～11時
場所：みどり公園噴水前
持ち物：軍手やゴム手袋など
※回収袋は配布します。

チラシやポスターなどで使えるデザイン文字

チラシやポスターなど多くの人の目を引きたい文書は、インパクトのあるデザイン文字を利用すると、目立たせることができます。

自治会総会のご案内

PTA 総会のご案内

囲碁大会

将棋大会

文化祭

秋のバザー

相 撲 大 会

子ども会入会案内

避難訓練のお知らせ

講習会のご案内

赤ちゃんの相談室

町 内 大 運 動 会

クリスマスパーティー

ダンス教室のご案内

ボランティア大募集

立ち入り禁止

親子教室の開催

STOP！

断水のお知らせ

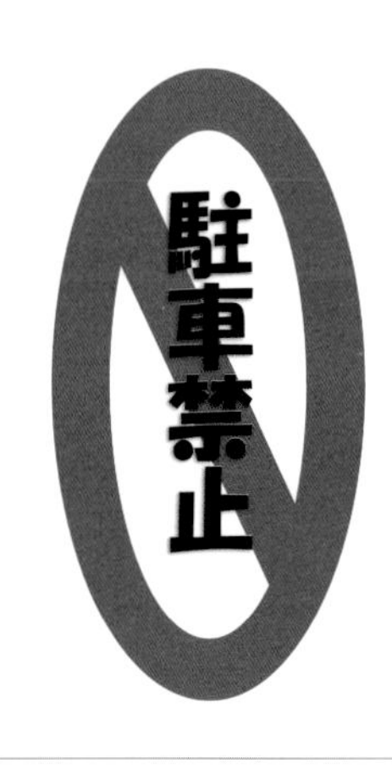

受付

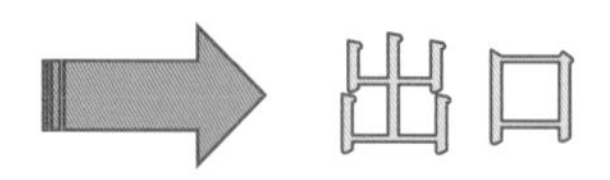

集合場所

駐 輪 場

ワードの基本操作

ワードで書類をつくるために覚えておくと便利な基本操作を解説します。
Chapter 1、2で紹介した作例だけでなく、
さまざまな文書を作成する際の参考にしてください。

01 用紙サイズを設定する

ページ設定

ワードで文書を作成する際は、最初に用紙のサイズを設定します。初期設定では、A4サイズの縦置き、横書きです。変更する必要がある場合は設定し直しましょう。

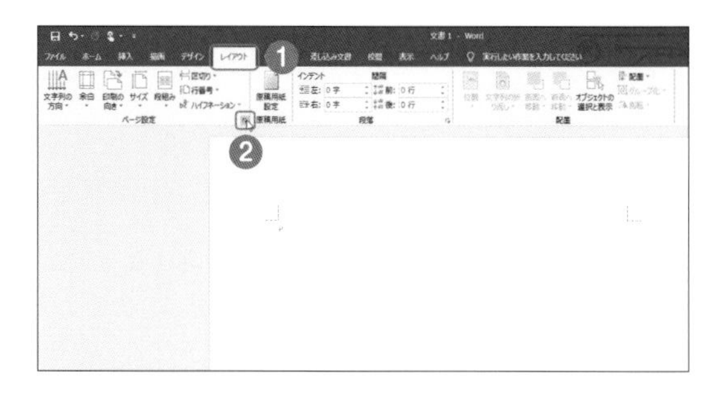

❶ [ページ設定]ダイアログボックスを表示する

[レイアウト](ワード 2013では[ページレイアウト])タブ❶の、[ページ設定]グループタイトル右の をクリックします❷。

[ページ設定]ダイアログボックスは、[印刷]画面下の[ページ設定]をクリックしても表示できます(項目04参照)。

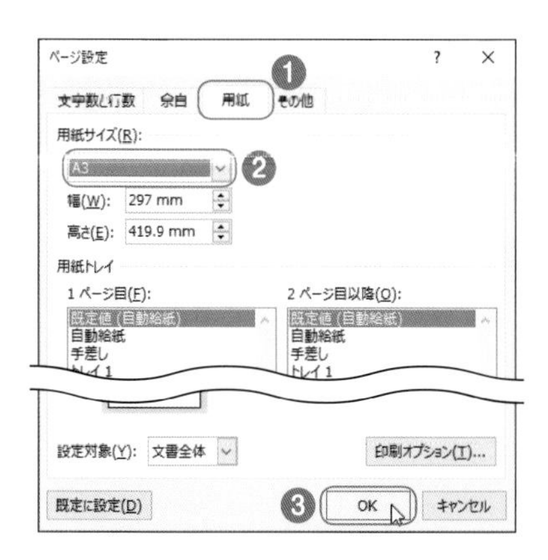

❷ 用紙サイズを設定する

[ページ設定]ダイアログボックスの[用紙]タブをクリックして❶、[用紙サイズ]で目的のサイズを選択し❷、[OK]をクリックします❸。

用紙サイズは、[レイアウト](ワード 2013では[ページレイアウト])タブの[ページ設定]グループの[サイズ]をクリックしても選択できます。

02

ページ設定

用紙の向きや余白を設定する

用紙の向き(置き方)は、作成する文書に合わせて選択します。「余白」とはページの周りの上下左右の領域のことで、余白を除く部分が文書のスペースとなります。

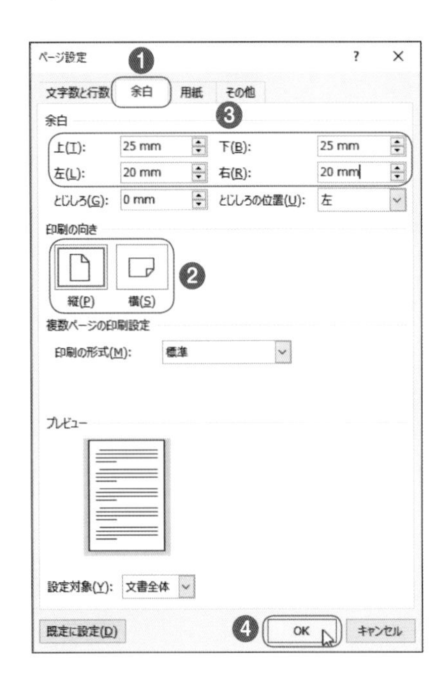

1 用紙の向きと余白を設定する

項目01の手順❶の方法で[ページ設定]ダイアログボックスを表示します。[余白]タブをクリックして❶、[印刷の向き]欄で[縦]または[横]をクリックします❷。[余白]欄の[上][下][左][右]にそれぞれ数値を指定して❸、[OK]をクリックします❹。

[上][下][左][右]の数値をすべて「0」に設定すると、使用中のプリンターの印刷可能範囲いっぱいに余白が設定されます。

印刷の向きや余白は、[レイアウト]タブの[ページ設定]グループの[印刷の向き]や[余白]で設定することもできます。

03

ページ設定

標準のページ設定を変更する

1ページに設定できる文字数や行数の上限は、用紙サイズ、用紙の向き、余白、フォントサイズによって決まります。既定で設定されている数値を変更することができます。

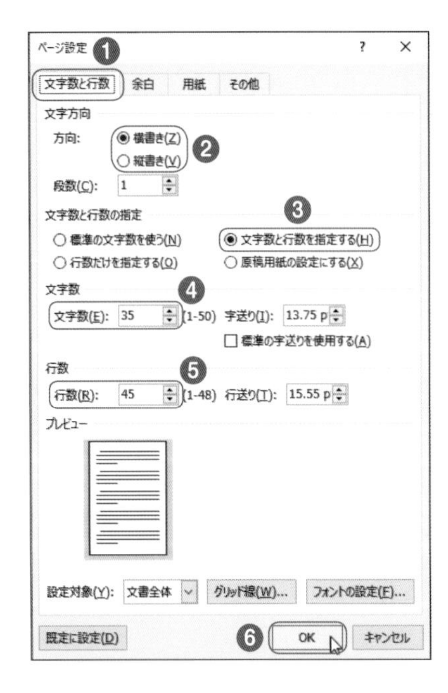

1 文字数と行数を変更する

項目01の手順❶の方法で[ページ設定]ダイアログボックスを表示します。[文字数と行数]タブをクリックして❶、[文字方向]欄で[横書き]または[縦書き]をクリックします❷。[文字数と行数の指定]欄の[文字数と行数を指定する]をクリックして❸、[文字数]欄で文字数を❹、[行数]欄で行数を指定して❺、[OK]をクリックします❻。

[字送り](字間)と[行送り](行間)は自動的に変更されます。また、[標準の文字数を使う]を選択すると、フォントやフォントサイズに合わせて変更されます。

04 印刷プレビューで印刷結果を確認する

ページ設定

図や写真などを挿入した文書では、実際に印刷するとレイアウトが崩れたり、文字が切れてしまったりする場合があります。印刷する前に必ず印刷プレビューで確認しましょう。

1 印刷プレビューを表示する

[ファイル]タブの[印刷]をクリックします❶。印刷プレビューを確認して❷、問題なければ[印刷]をクリックします❸。配置のずれなどがあった場合は、㊀をクリックして、編集画面に戻って修正します。

画面下の[ページ設定]をクリックすると、[ページ設定]ダイアログボックスが表示され、余白や文字数、行数などを調整できます。

05 フォントやフォントサイズを変更する

書式設定

標準のフォントは「游明朝」(ワード 2013では「MS明朝」)、フォントサイズは「10.5pt(ポイント)」です。フォントやフォントサイズは任意に変更できます。

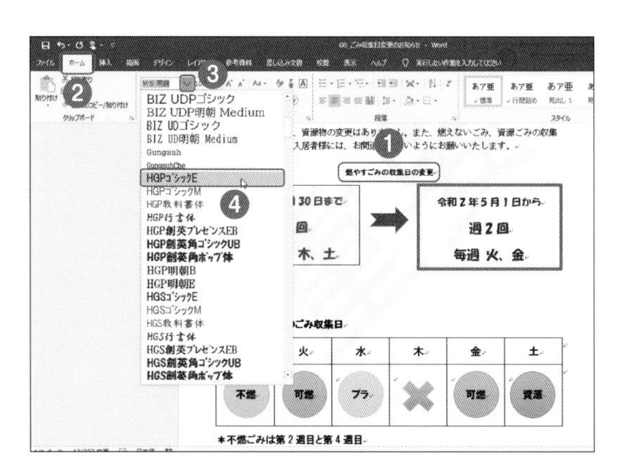

1 フォントを変更する

フォントを変更したい文字を選択します❶。[ホーム]タブ❷の[フォント]グループの[フォント]の⌄をクリックして❸、任意のフォントをクリックします❹。

フォントやフォントサイズ、フォントの色は、対象にマウスポインターを合わせると、リアルタイムで適用されて表示されます。

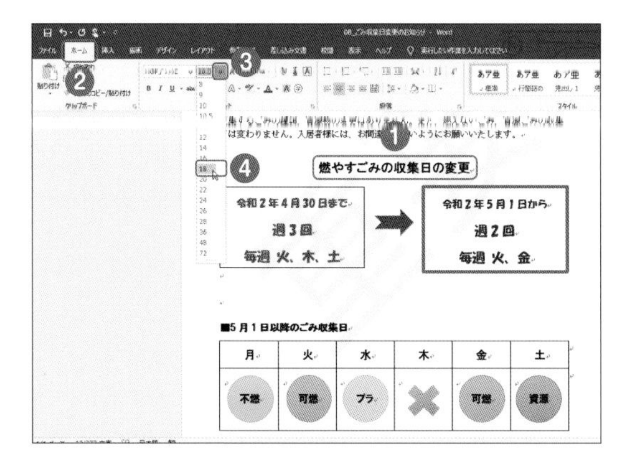

2 フォントサイズを変更する

フォントサイズを変更したい文字を選択します❶。[ホーム]タブ❷の[フォント]グループの[フォントサイズ]の⌄をクリックして❸、任意のサイズをクリックします❹。

[フォント]グループタイトル右の⧉をクリックして表示される[フォント]ダイアログボックスを利用すると、フォントとフォントサイズを同時に設定できます。

06 書式設定

段落の配置を設定する

文字列を段落の中央や右側などに配置することを「段落配置」といいます。初期設定では、「両端揃え」になっていますが、左側や中央、右側に揃えることができます。

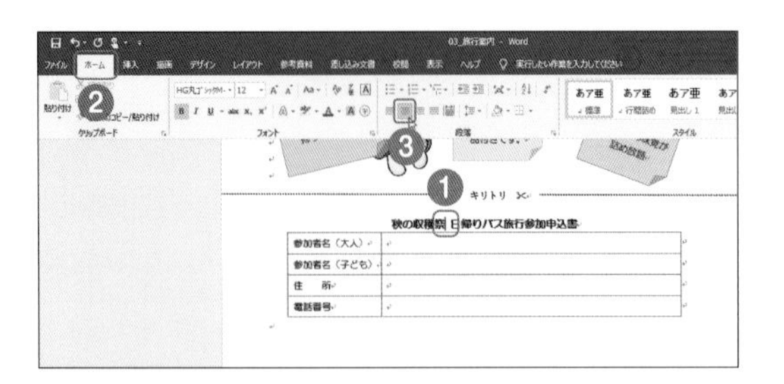

1 文字を中央揃えにする

段落をクリックして❶、[ホーム]タブ❷の[段落]グループの[中央揃え] をクリックします❸。

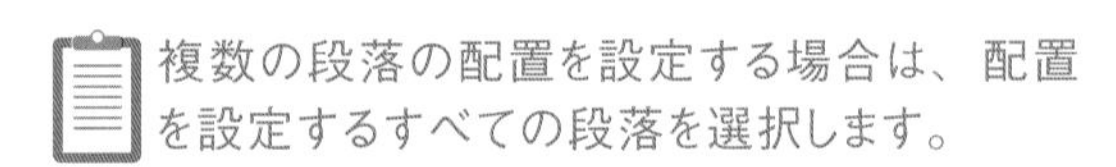

複数の段落の配置を設定する場合は、配置を設定するすべての段落を選択します。

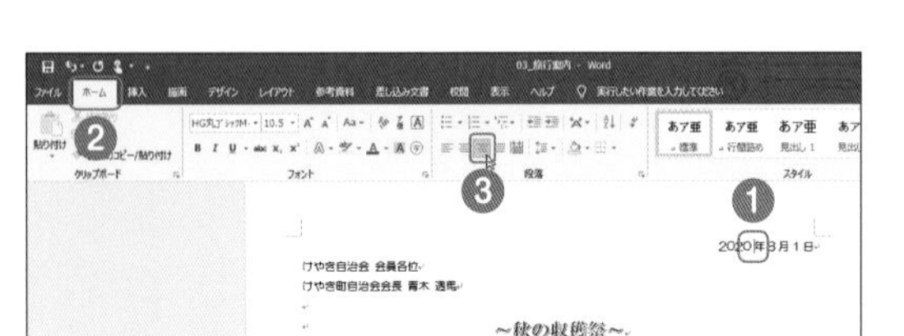

2 文字を右揃えにする

段落をクリックして❶、[ホーム]タブ❷の[段落]グループの[右揃え] をクリックします❸。

07 書式設定

インデントで段落の先頭を字下げする

段落の行頭や、箇条書きの部分を本文より何文字分か字下げする場合、スペースで調整すると、きれいに揃わない場合があります。インデントを使うときれいに揃います。

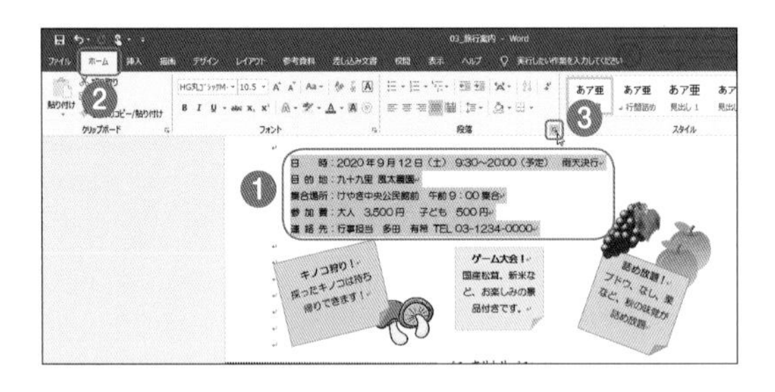

1 [段落]ダイアログボックスを表示する

字下げする段落を選択して❶、[ホーム]タブ❷の[段落]グループタイトル右の をクリックします❸。

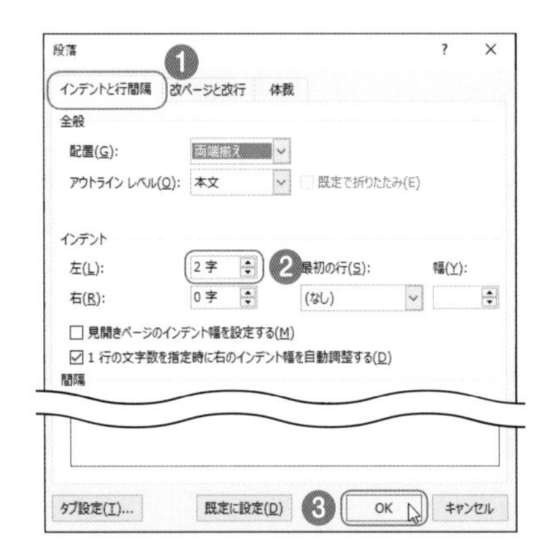

2 段落に字下げを設定する

[段落]ダイアログボックスの[インデントと行間隔]タブをクリックして❶、[インデント]欄の[左]に字下げしたい字数を指定し❷、[OK]をクリックします❸。

08
書式設定

文字列に下線を設定する

文字列に下線を引くと、重要な部分を強調させることができます。下線には、直線や二重線、波線などの種類があり、色を変更することもできます。

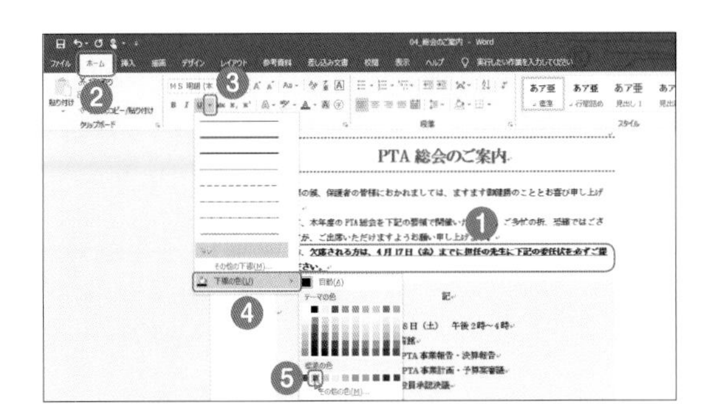

1 下線の色を指定する

下線を引く文字列を選択します❶。[ホーム]タブ❷の[フォント]グループの[下線] U ▾ の ▾ をクリックして❸、[下線の色]にマウスポインターを合わせ❹、任意の色をクリックします❺。

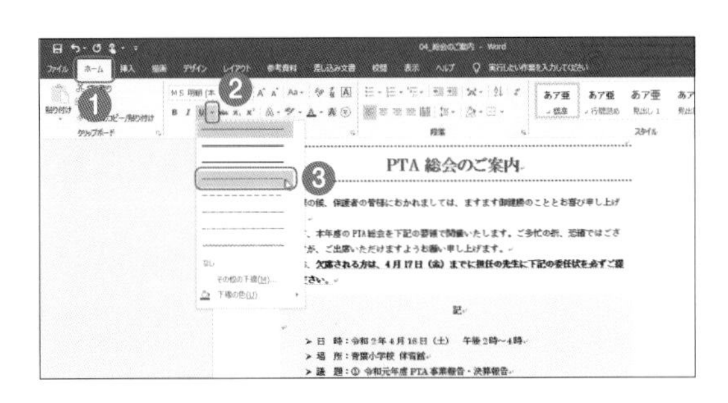

2 下線の種類を指定する

文字列を選択した状態で、[ホーム]タブ❶の[フォント]グループの[下線] U ▾ の ▾ をクリックし❷、任意の下線をクリックします❸。

手順❸で[その他の下線]をクリックすると、ほかの下線を選択することができます。

09
書式設定

箇条書きに段落番号や記号を付ける

箇条書きの先頭に番号や記号などの行頭文字を付けると、わかりやすく、見やすくなります。箇条書きに合わせて、番号や記号の種類を選ぶとよいでしょう。

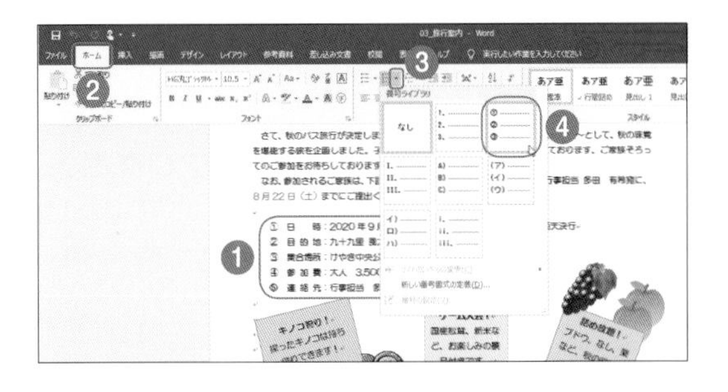

1 箇条書きの先頭に番号を付ける

番号を付けたい段落を選択します❶。[ホーム]タブ❷の[段落]グループの[段落番号] ☰ ▾ の ▾ をクリックして❸、任意の数字をクリックします❹。

段落番号は、追加や削除を行っても、自動的に連続した番号が振り直されます。

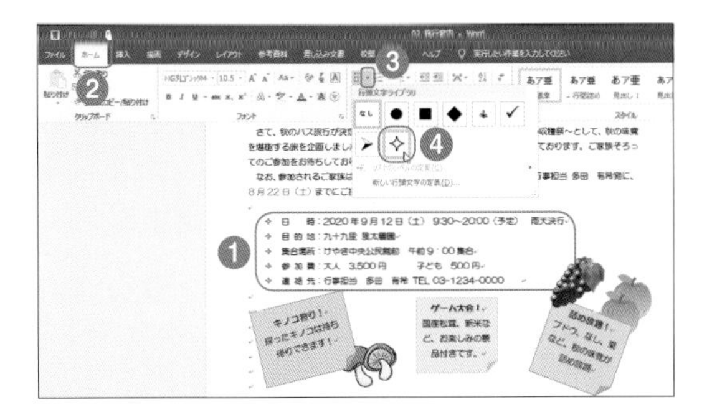

2 箇条書きの先頭に記号を付ける

記号を付けたい段落を選択します❶。[ホーム]タブ❷の[段落]グループの[箇条書き] ☰ ▾ の ▾ をクリックして❸、任意の記号をクリックします❹。

[新しい行頭文字の定義]をクリックして[記号]をクリックすると、ほかの記号を選択することができます。

10 書式設定

文字幅を変更する

文字幅を変更して、横幅を拡大したり、縮小したりすることができます。また、文字と文字の間隔を広げたり、狭めたりすることもできます。

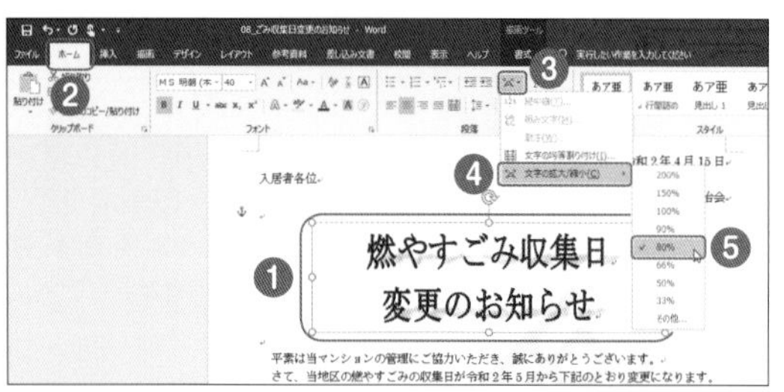
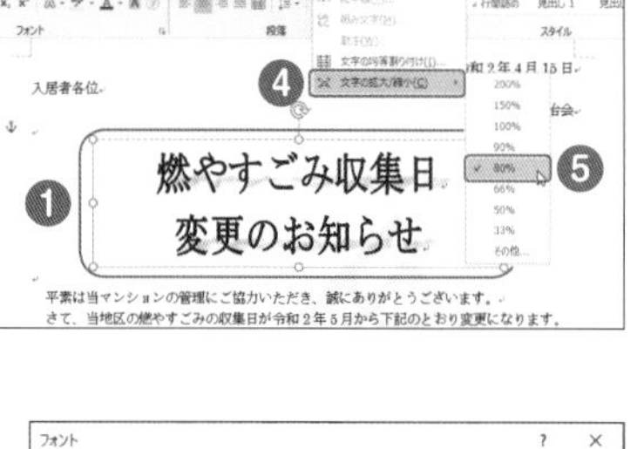

1 文字の横幅を広げたり狭めたりする

文字列を選択します❶。[ホーム]タブ❷の[段落]グループの[拡張書式]をクリックして❸、[文字の拡大／縮小]にマウスポインターを合わせ❹、任意の倍率をクリックします❺。

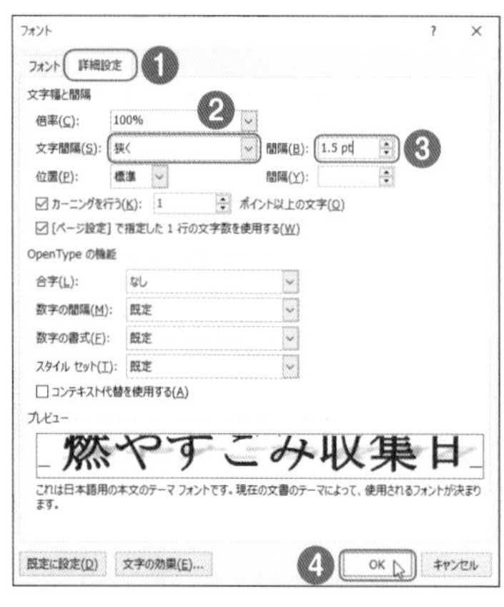

2 文字間隔を狭めたり広げたりする

文字列を選択して、[ホーム]タブの[フォント]グループタイトル右のをクリックします。[フォント]ダイアログボックスの[詳細設定]タブをクリックして❶、[文字幅と間隔]欄の[文字間隔]で[狭く](あるいは[広く])を選択し❷、[間隔]で数値を指定して❸、[OK]をクリックします❹。

11 書式設定

均等割り付けで文字列の横幅を揃える

「均等割り付け」は、文字列を指定した文字数に均等に割り付ける機能です。箇条書きなどに均等割り付けを利用すると、文字列の幅をきれいに揃えることができます。

1 [文字の均等割り付け]ダイアログボックスを表示する

均等に割り付けたい文字列を選択して❶、[ホーム]タブ❷の[段落]グループの[均等割り付け]をクリックします❸。

複数の文字列を選択するときは、1行目の文字列を選択したあと、Ctrl キーを押しながら2行目以降の文字列を選択します。

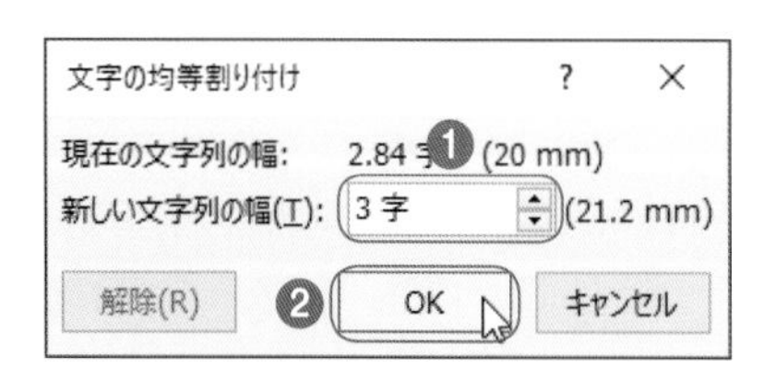

2 割り付ける幅を文字数で指定する

[文字の均等割り付け]ダイアログボックスの[新しい文字列の幅]に、割り付ける幅を文字数で指定して❶、[OK]をクリックします❷。

12 書式設定

段落の行間隔や段落間隔を変更する

行間隔は通常、1ページの行数とフォントサイズで決まりますが、特定の段落の行間隔や段落の間隔を広げることもできます。適宜調整するとメリハリのある文書が作成できます。

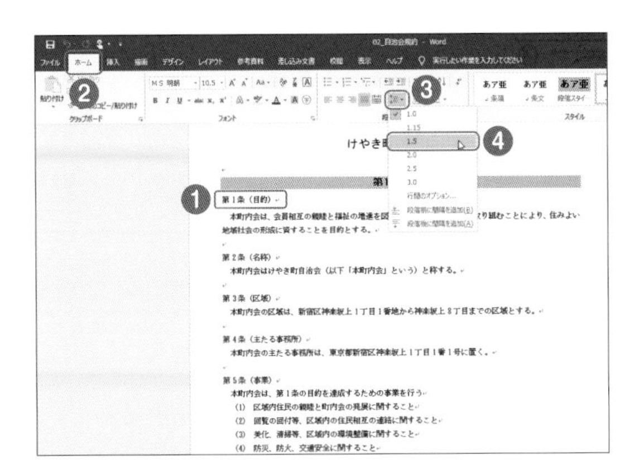

1 行間隔を設定する

段落をクリックします❶。[ホーム]タブ❷の[段落]グループの[行と段落の間隔] をクリックして❸、行間隔をクリックします❹。

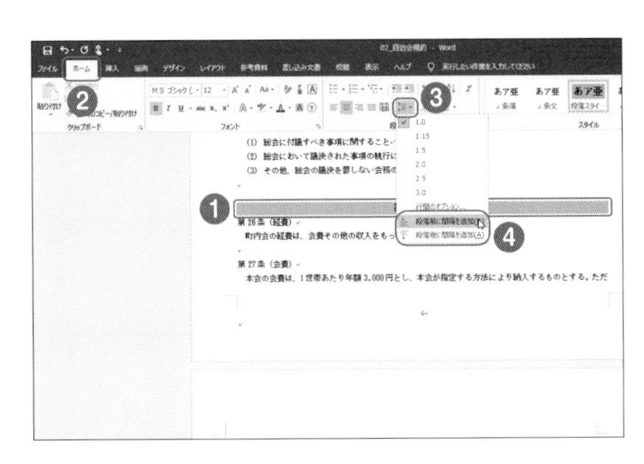

2 段落間に間隔を設定する

段落をクリックします❶。[ホーム]タブ❷の[段落]グループの[行と段落の間隔] をクリックして❸、[段落前に間隔を追加する]または[段落後に間隔を追加する]をクリックします❹。

13 書式設定

行間のオプションを設定する

段落の間隔や行間を細かく設定したい場合は、[段落]ダイアログボックスの[インデントと行間隔]タブで設定します。

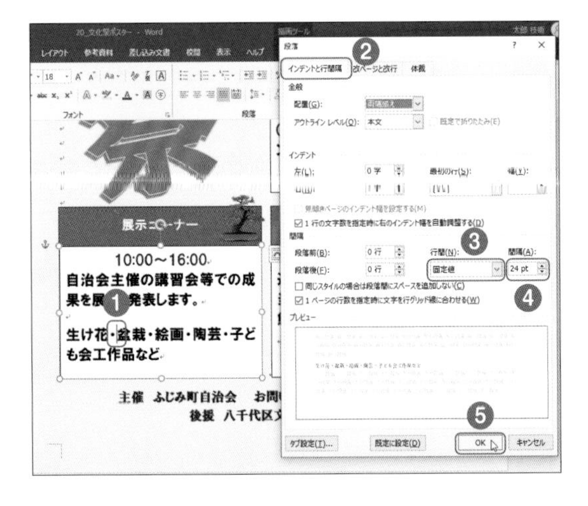

1 段落単位で行間隔を変更する

段落をクリックして❶、[ホーム]タブの[段落]グループタイトル右の をクリックします。[段落]ダイアログボックスの[インデントと行間隔]タブをクリックして❷、[行間]で[固定値]を選択し❸、[間隔]で行間を指定して❹、[OK]をクリックします❺。

[段落]ダイアログボックスは、[ホーム]タブの[段落]グループの[行と段落の間隔] をクリックして、[行間オプション]をクリックしても表示できます。

14
文字配置

テキストボックスを挿入する

テキストボックスを挿入すると、文書中の自由な位置に文章を配置することができます。テキストボックスには、横書き用と縦書き用があります。

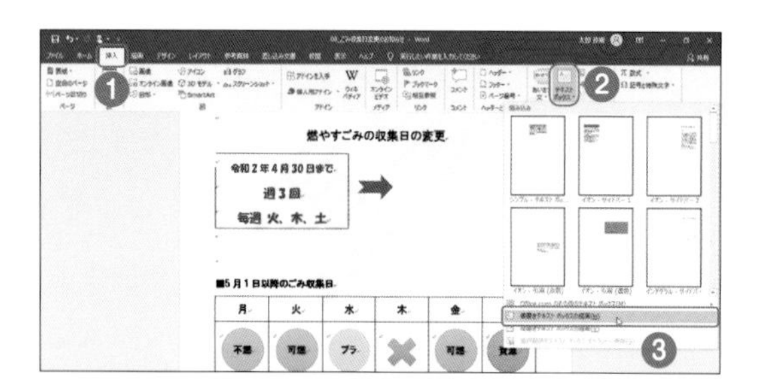

1 テキストボックスを選択する

[挿入]タブ❶の[テキスト]グループの[テキストボックス]をクリックして❷、[横書きテキストボックスの描画](あるいは[縦書きテキストボックスの描画])をクリックします❸。

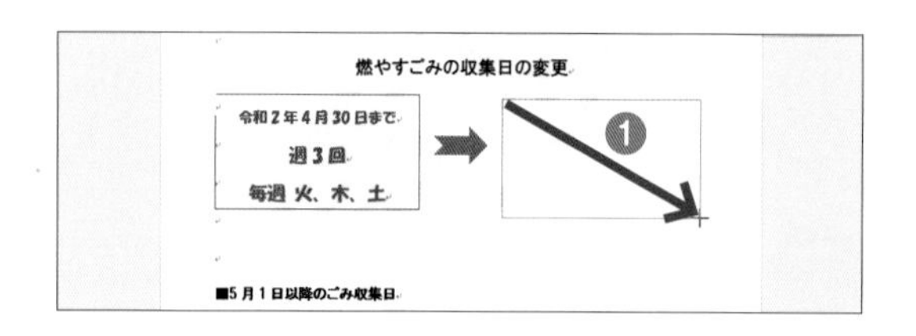

2 文書内の任意の位置に配置する

テキストボックスを配置したい位置で対角線上にドラッグします❶。

15
文字配置

テキストボックスの書式を変更する

テキストボックス内の文字は、本文と同様の操作で書式を変更することができます。また、枠線の色や太さを変更したり、テキストボックス内を透明にすることもできます。

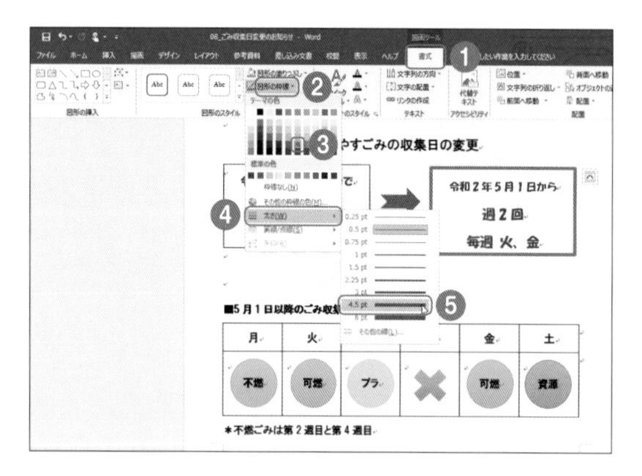

1 枠線の色と太さを変更する

文字を入力して、フォントと文字サイズ、文字配置を設定します。[書式]タブ❶の[図形のスタイル]グループの[図形の枠線]をクリックして❷、任意の枠線の色をクリックします❸。同様に、[図形の枠線]をクリックして、[太さ]にマウスポインターを合わせ❹、任意の太さをクリックします❺。

[枠線なし](ワード 2013では[線なし])をクリックすると、テキストボックスの枠線が非表示になります。

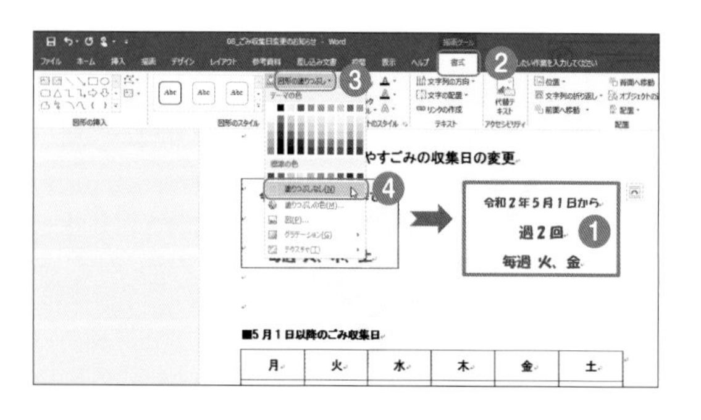

2 テキストボックスを透明にする

テキストボックスをクリックして❶、[書式]タブ❷の[図形のスタイル]グループの[図形の塗りつぶし]をクリックし❸、[塗りつぶしなし]をクリックします❹。

16 あいさつ文を挿入する

文字配置

時候を考慮した冒頭のあいさつ文を考えるのは結構面倒です。ワードの「あいさつ文」機能を利用すると、時候や立場に合わせた文面をかんたんに挿入できます。

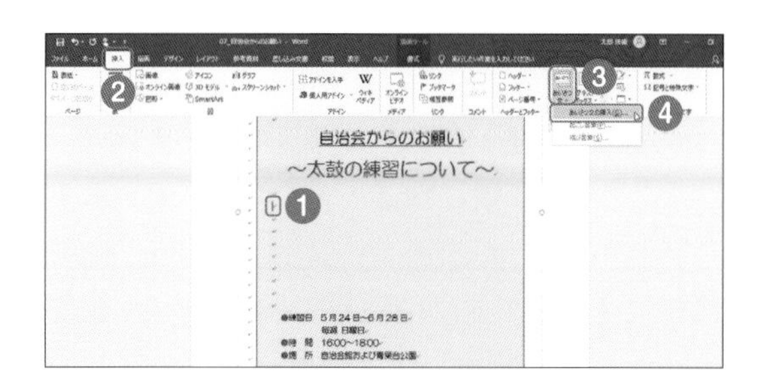

❶ [あいさつ文]ダイアログボックスを表示する

挿入する位置をクリックして❶、[挿入]タブ❷の[テキスト]グループの[あいさつ文]をクリックし❸、[あいさつ文の挿入]をクリックします❹。

❷ 季節に合わせたあいさつ文を選択する

月を指定して❶、それぞれの項目から任意のあいさつ文を選択し❷、[OK]をクリックします❸。あいさつ文の一部を変更したい場合は、挿入後に修正します。

17 はさみや電話などの特殊文字を入力する

文字配置

キーボードや「読み」から直接入力できない記号は、[記号と特殊文字]から挿入できます。さまざまな文字や記号が用意されています。

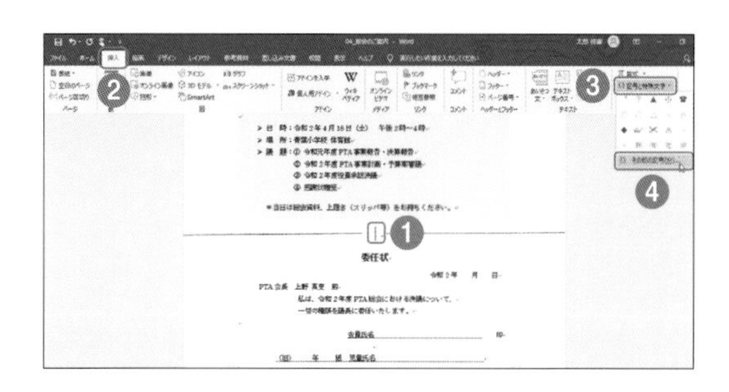

❶ [記号と特殊文字]ダイアログボックスを表示する

記号を挿入する位置をクリックして❶、[挿入]タブ❷の[記号と特殊文字]グループの[記号と特殊文字]をクリックし❸、[その他の記号]をクリックします❹。

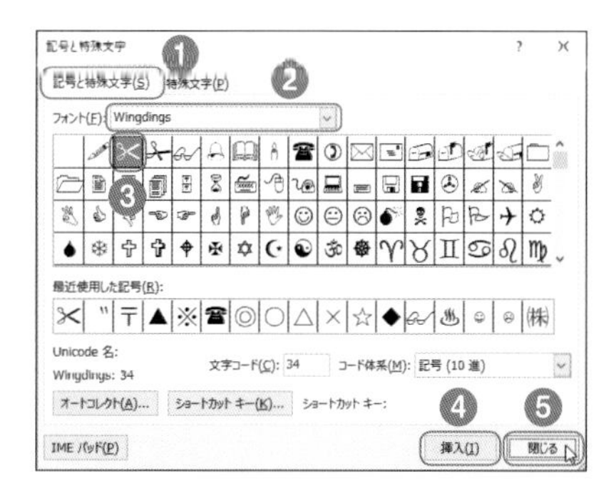

❷ 記号を挿入する

[記号と特殊文字]ダイアログボックスの[記号と特殊文字]タブをクリックします❶。[フォント]で[Wingdings]を選択して❷、入力したい記号をクリックし❸、[挿入]をクリックして❹、[閉じる]をクリックします❺。

18 文字配置

ワードアートを配置する

ワードアートはテキストボックスと文字の効果を組み合わせたオブジェクトです。文字にさまざまな効果を付けることができ、テキストボックス自体にもスタイルを設定できます。

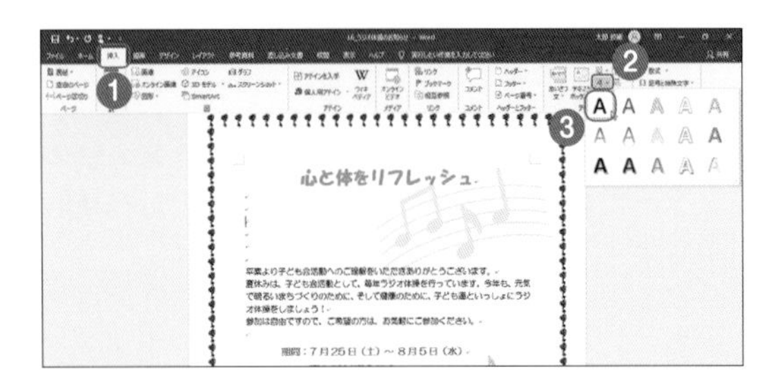

1 ワードアートを挿入する

［挿入］タブ❶の［テキスト］グループの［ワードアート］をクリックして❷、任意のデザインをクリックします❸。

文書内に入力してある文字列を選択してから、手順❶の操作をしても同様です。

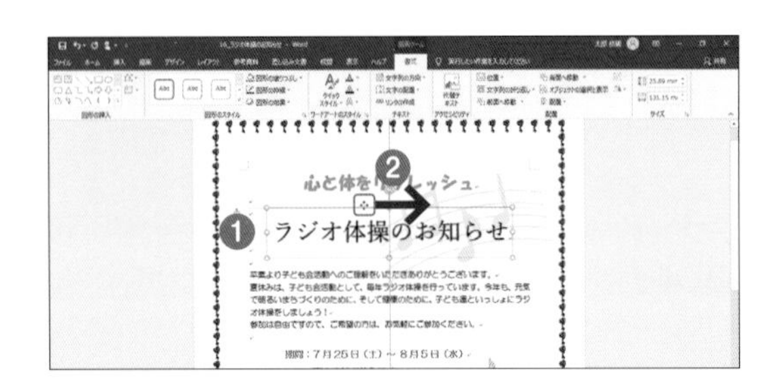

2 文字を入力して配置する

「ここに文字を入力」と表示されるので、文字を入力します❶。周囲の枠線をドラッグして移動し、任意の位置に配置します❷。

19 文字配置

ワードアートに視覚効果を付ける

挿入したワードアートは、フォントやフォントサイズ、色、輪郭を変更できます。また、影や光彩、反射などの視覚効果を設定したり、変形したりすることもできます。

1 ワードアートの文字色を変更する

ワードアートを選択します❶。［書式］タブ❷の［ワードアートのスタイル］グループの［文字の塗りつぶし］の▾をクリックして❸、任意の色をクリックします❹。

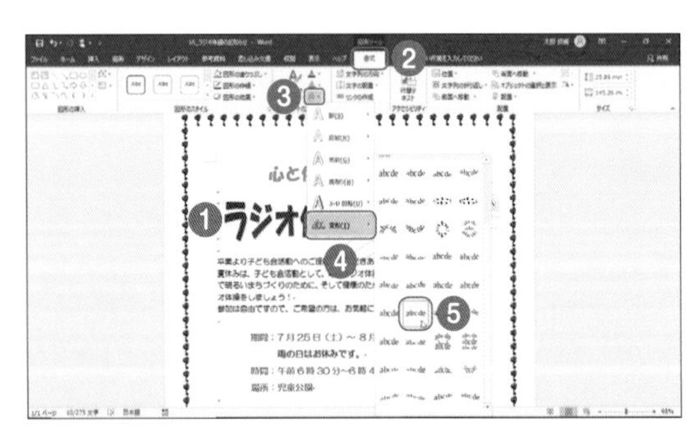

2 ワードアートの文字を変形する

ワードアートを選択します❶。［書式］タブ❷の［ワードアートのスタイル］グループの［文字の効果］をクリックして❸、［変形］にマウスポインターを合わせ❹、任意の形状をクリックします❺。

文書内の文字にも同様に視覚効果を付けることができます。［ホーム］タブの［フォント］グループの［文字の効果と体裁］をクリックして設定します。

20 イラストや写真(画像ファイル)を挿入する

図・写真

イラスト(オンライン画像)をインターネットから検索したり、パソコンに保存してある画像ファイルを挿入したりして利用できます。ここでは、写真を挿入してみましょう。

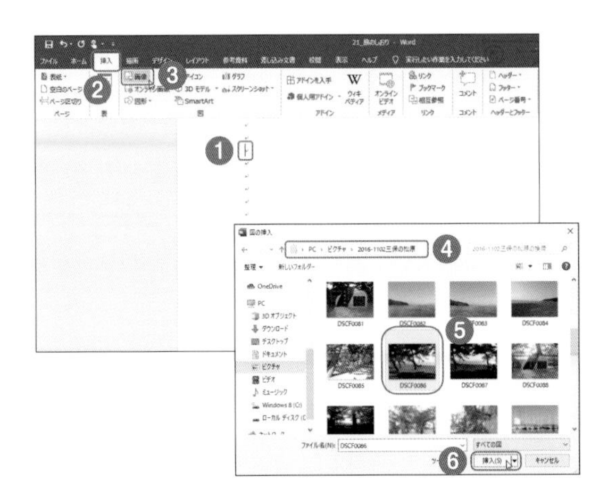

1 写真を挿入する

写真を挿入する位置をクリックして❶、[挿入]タブ❷の[図]グループの[画像]をクリックします❸。[図の挿入]ダイアログボックスで保存先を指定して❹、挿入する画像をクリックし❺、[挿入]をクリックします❻。

オンライン画像を検索して挿入する場合は、[オンライン画像]をクリックして、画像を検索します(p.23参照)。

2 写真を自由に配置できるようにする

挿入した写真をクリックして❶、右上に表示される[レイアウトオプション]をクリックし❷、[文字列の折り返し]欄で[行内]以外を選択します❸。

イラストや写真を文書の下に配置する場合は、[背面]を選択します。

21 写真をトリミングする

図・写真

挿入した写真に不要な部分がある場合は、トリミングして不要な部分を隠します。トリミングは文書上の表示に反映されるだけで、元の写真ファイルには影響ありません。

1 写真をトリミングして不要な部分を隠す

写真をクリックして、[書式]タブ❶の[サイズ]グループの[トリミング]をクリックし❷、周囲に表示されるトリミングハンドルを内側にドラッグします❸。画像の外をクリックするとトリミングが終了します。

写真を図形に合わせてトリミングすることもできます。写真をクリックして、[書式]タブの[サイズ]グループの[トリミング]をクリックし、[図形に合わせてトリミング]にマウスポインターを合わせて、任意の図形をクリックします。

22

図・写真

イラストや写真を加工する

文書内に挿入したイラストや写真は、明るさやコントラストを調整したり、色を変更したり、効果を付けたりすることができます。スタイルを設定することもできます。

1 色を変更する

写真をクリックして❶、[書式]タブ❷の[調整]グループの[色]をクリックし❸、任意の色をクリックします❹。

[アート効果]をクリックすると、写真にさまざまな効果を適用することができます。

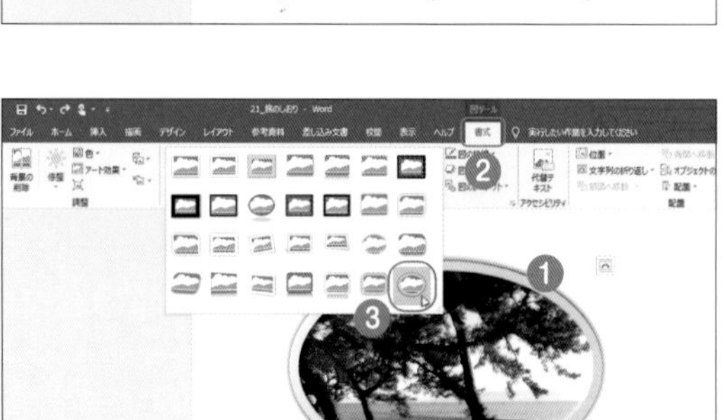

2 視覚効果を設定する

写真をクリックして❶、[書式]タブ❷の[図のスタイル]グループの[その他]をクリックして、任意のスタイルをクリックします❸。

[修整]をクリックすると、明るさやコントラストなどを調整できます。

23

図・写真

図形を描く

[図形]には線や四角形、基本図形、ブロック矢印など、さまざまな図形が用意されています。図形を選択して、クリックあるいはドラッグするだけで描画することができます。

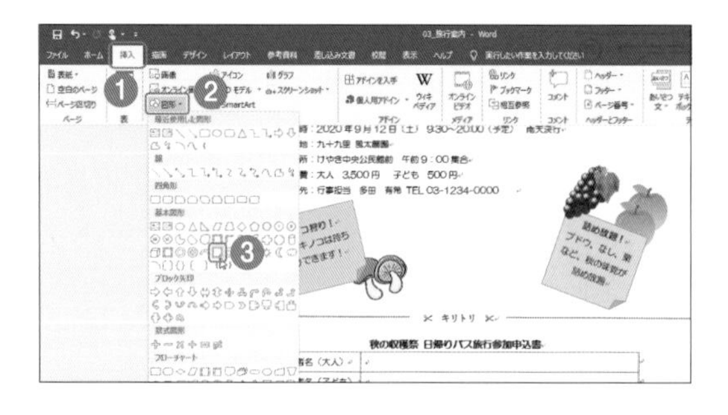

1 図形を選択する

[挿入]タブ❶の[図]グループの[図形]をクリックして❷、任意の図形をクリックします❸。

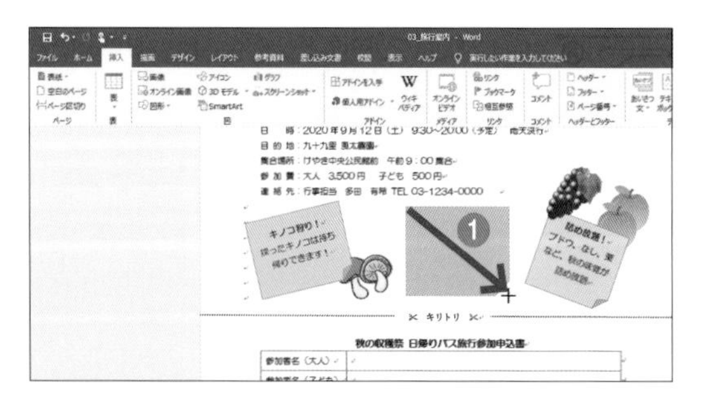

2 文書内に描画する

マウスポインターの形が＋に変わった状態で、対角線上にドラッグします❶。

直接クリックすると、既定のサイズで図形が描画されます。

24

図・写真

図形の色を変更する

図形は既定の色で描画されます。図形の色は[図形の塗りつぶし]や[図形のスタイル]から任意に変更できます。

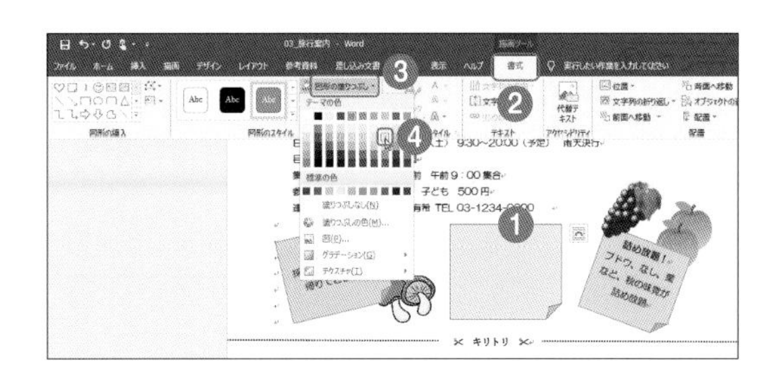

1 図形の色を変更する

図形をクリックして❶、[書式]タブ❷の[図形のスタイル]グループの[図形の塗りつぶし]をクリックし❸、一覧から任意の色をクリックします❹。

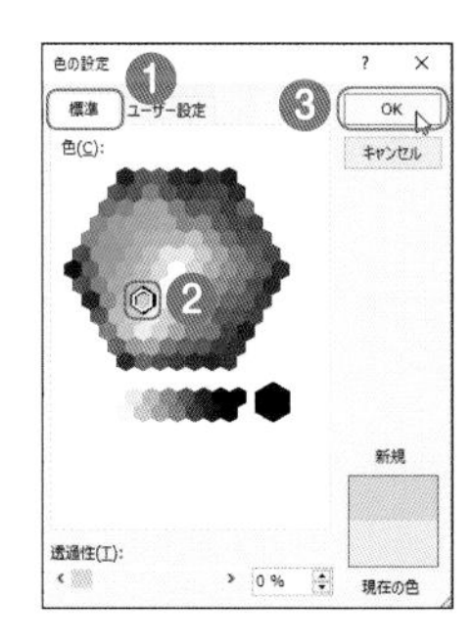

2 一覧にない色を設定する

手順❶と同様に[図形の塗りつぶし]をクリックして、[塗りつぶしの色](ワード 2013では[その他の色])をクリックします。[色の設定]ダイアログボックスの[標準]タブをクリックして❶、任意の色をクリックし❷、[OK]をクリックします❸。

25

図・写真

図形の輪郭の色やスタイルを変更する

図形の輪郭は、[図形の枠線]や[図形のスタイル]から変更できます。枠線の色や太さを変更したり、実線/点線などのスタイルを変更したりできます。

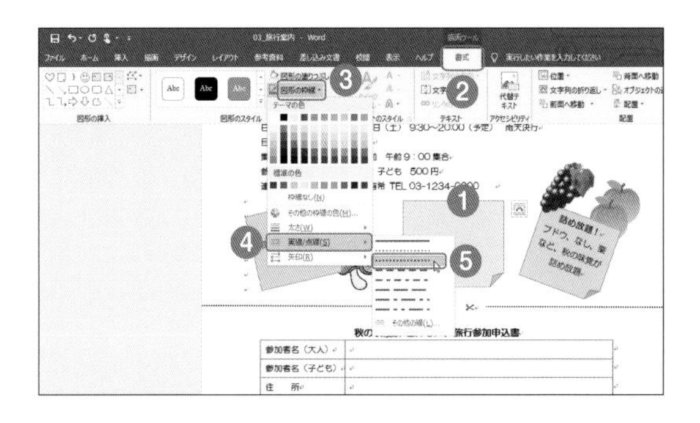

1 図形の枠線のスタイルを変更する

図形をクリックします❶。[書式]タブ❷の[図形のスタイル]グループの[図形の枠線]をクリックして❸、[実線/点線]にマウスポインターを合わせ❹、一覧から任意のスタイルをクリックします❺。

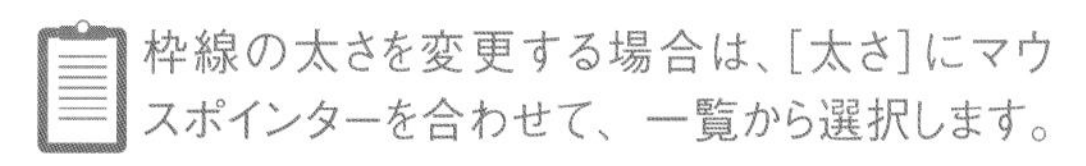

枠線の太さを変更する場合は、[太さ]にマウスポインターを合わせて、一覧から選択します。

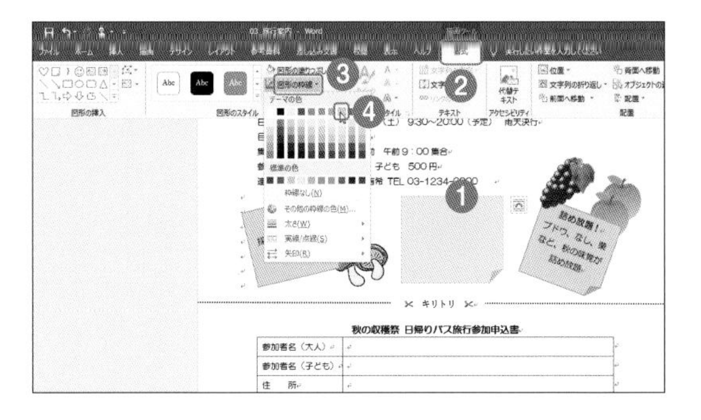

2 図形の枠線の色を変更する

図形をクリックして❶、[書式]タブ❷の[図形のスタイル]グループの[図形の枠線]をクリックし❸、一覧から任意の色をクリックします❹。

[図形の枠線]の[枠線なし](ワード 2013では[線なし])をクリックすると、輪郭をなしにすることができます。

26
図・写真

図形に模様を付ける

図形には単色だけでなく、テクスチャ(模様)やグラデーションを設定することもできます。画像を挿入することもできます。

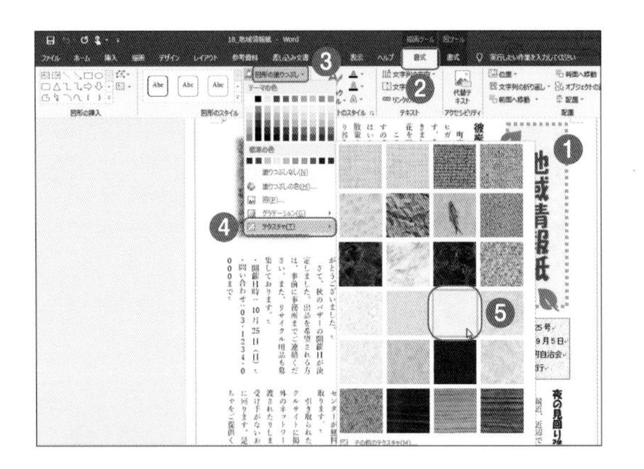

1 図形にテクスチャを設定する

図形をクリックします❶。[書式]タブ❷の[図形のスタイル]グループの[図形の塗りつぶし]をクリックして❸、[テクスチャ]にマウスポインターを合わせ❹、一覧から任意のテクスチャをクリックします❺。

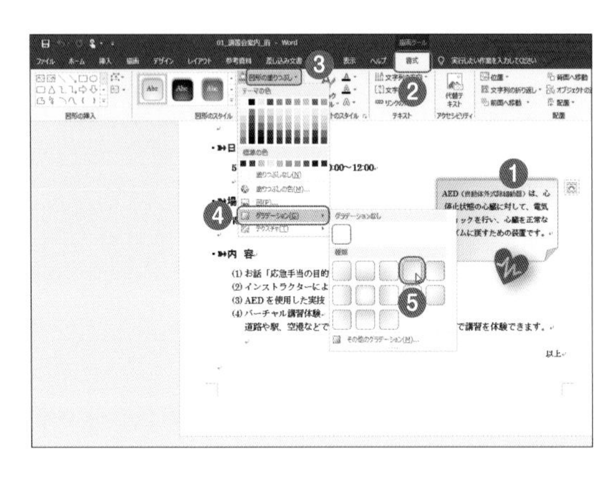

2 図形にグラデーションを設定する

図形をクリックします❶。[書式]タブ❷の[図形のスタイル]グループの[図形の塗りつぶし]をクリックして❸、[グラデーション]にマウスポインターを合わせ❹、一覧から任意のグラデーションをクリックします❺。

手順❹で[図]をクリックすると、任意の画像を挿入することもできます。

27
図・写真

図形に効果を付ける

図形には、影や反射、光彩、ぼかし、面取り、3-D回転などの視覚効果を付けることができます。ここでは「面取り」を設定して、凹凸のある図形にしてみましょう。

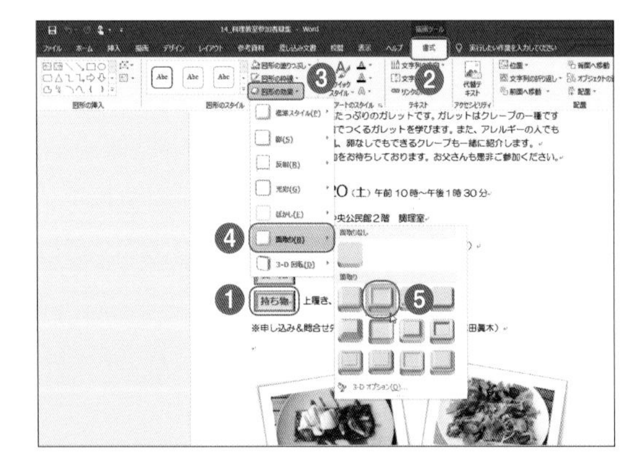

1 図形に効果を設定する

図形をクリックします❶。[書式]タブ❷の[図形のスタイル]グループの[図形の効果]をクリックして❸、[面取り]にマウスポインターを合わせ❹、一覧から任意の効果をクリックします❺。

テキストボックスやワードアートの背景にも図形と同様に、塗りつぶしや枠線、効果を設定できます。

28
図・写真

図形を拡大する／縮小する

図形や写真、ワードアート、テキストボックスなどをクリックすると、周りに「サイズ変更ハンドル」が表示されます。このハンドルをドラッグするとサイズを変更できます。

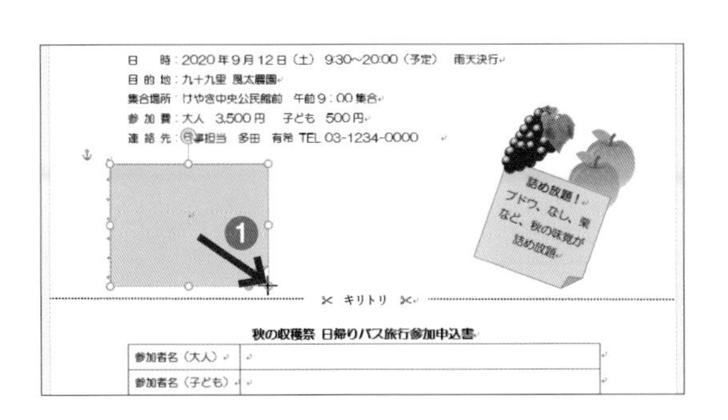

1 図形を拡大する

サイズ変更ハンドル○を図形の外側にドラッグします❶。

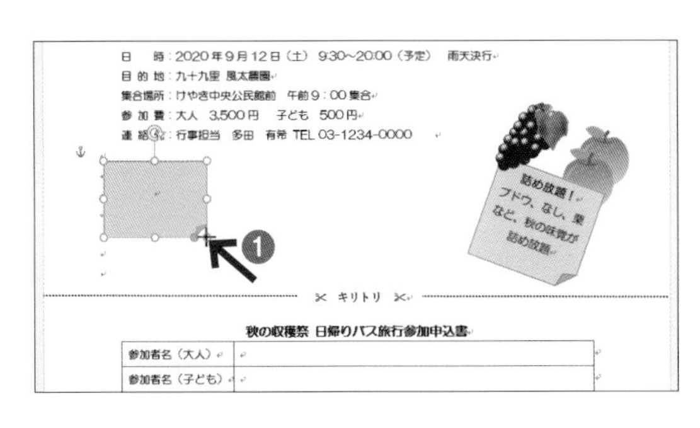

2 図形を縮小する

サイズ変更ハンドル○を図形の内側にドラッグします❶。

［書式］タブの［サイズ］グループの［図形の高さ］と［図形の幅］で数値を指定しても、サイズを変更できます。

29
図・写真

図形を移動する／コピーする

図形をドラッグすると移動できます。Shift キーを押しながらドラッグすると、水平（垂直）に移動できます。Ctrl キーを押しながらドラッグするとコピーできます。

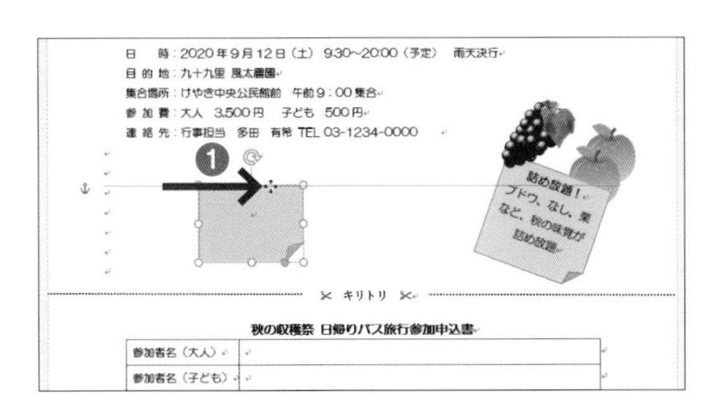

1 図形を移動する

図形をクリックして、マウスポインターの形が✥に変わった状態でドラッグします❶。

図形を移動する際に表示される緑色の線は「配置ガイド」と呼ばれる補助線です（p.97参照）。

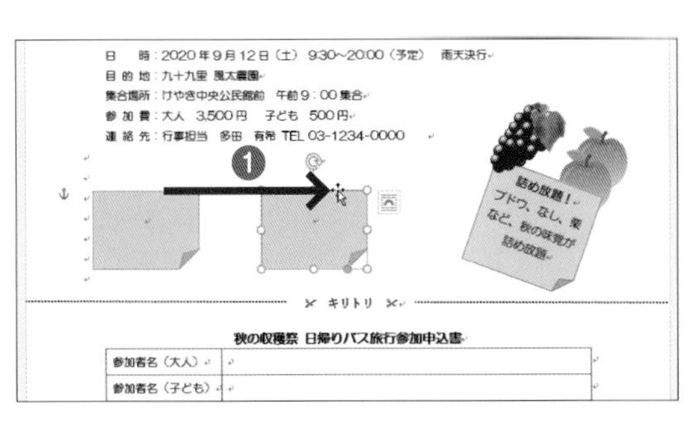

2 図形をコピーする

図形をクリックして、マウスポインターの形が✥に変わった状態で、Ctrl キーを押しながらドラッグします❶。

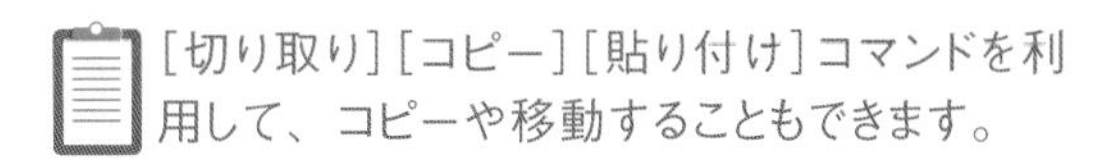

［切り取り］［コピー］［貼り付け］コマンドを利用して、コピーや移動することもできます。

30 図形を変形する／回転する

図・写真

図形に「調整ハンドル」が表示される場合は、ドラッグすると図形の各部分を変形できます。図形の上部に表示される「回転ハンドル」をドラッグすると図形が回転します。

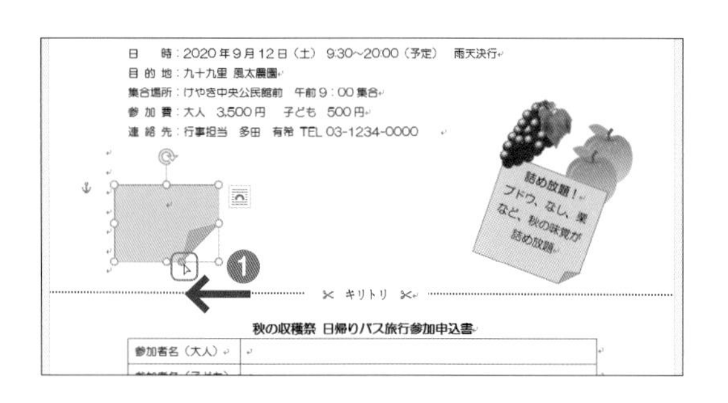

1 図形を変形する

図形をクリックして、調整ハンドル をドラッグします❶。

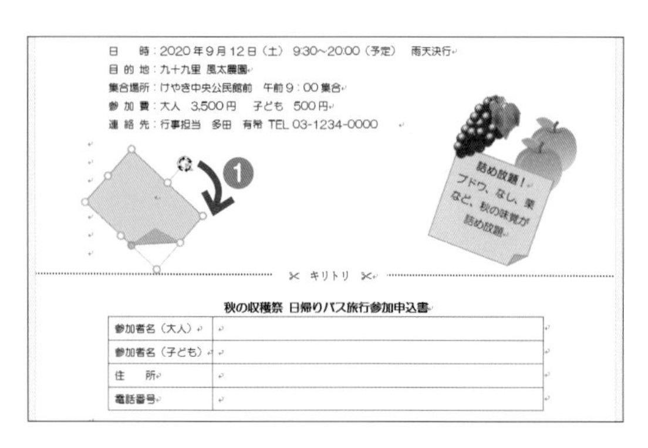

2 図形を回転する

図形をクリックして、回転ハンドル をドラッグすると❶、図形が任意に回転します。Shift キーを押しながらドラッグすると、15度単位で回転します。

［書式］タブの［配置］グループの［オブジェクトの回転］ をクリックすると、左右方向に90度回転したり、上下左右に反転したりできます。

31 複数の図形をグループ化する

図・写真

複数の図形をグループ化すると、1つのオブジェクトとして移動やコピー、拡大や縮小ができるようになります。

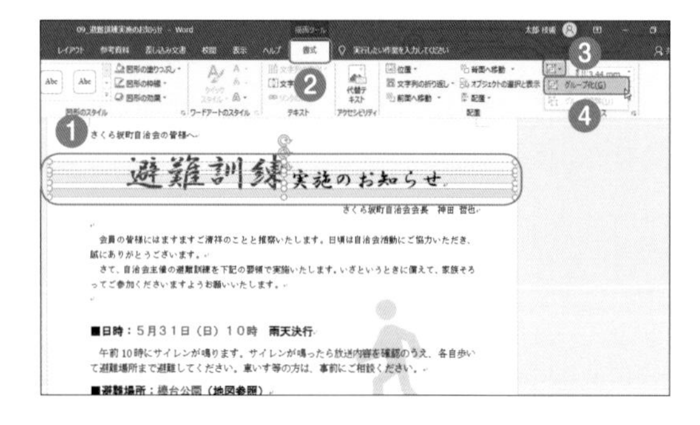

1 オブジェクトをグループ化する

図形をクリックし、2つ目以降の図形を Ctrl キーを押しながらクリックして選択します❶。［書式］タブ❷の［配置］グループの［オブジェクトのグループ化］をクリックして❸、［グループ化］をクリックします❹。

ワンポイントアドバイス

複数のオブジェクトを選択する方法は、手順❶のほかに、［オブジェクトの選択］を使う方法もあります。［ホーム］タブの［編集］グループの［選択］をクリックして、［オブジェクトの選択］をクリックし、すべての図形を囲むように対角線上にドラッグします。

32 図形をきれいに並べて配置する

図・写真

「配置ガイド」を利用すると、図形を中央や左右に正確に配置できます。また、[書式]タブの[配置]を利用すると、複数の図形をきれいに揃えて配置できます。

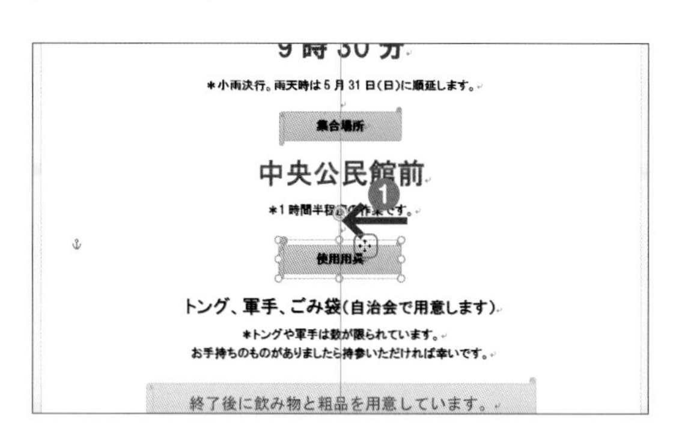

1 配置ガイドを利用する

図形などのオブジェクトをドラッグして、ページの左右中央に近づけたり、右余白や段落の先頭行に近づけると、配置ガイドと呼ばれる緑色の補助線が表示されます❶。

配置ガイドが表示されない場合は、オブジェクトをクリックして、[書式]タブの[配置]グループの[配置]をクリックし、[配置ガイドの使用]をクリックします。

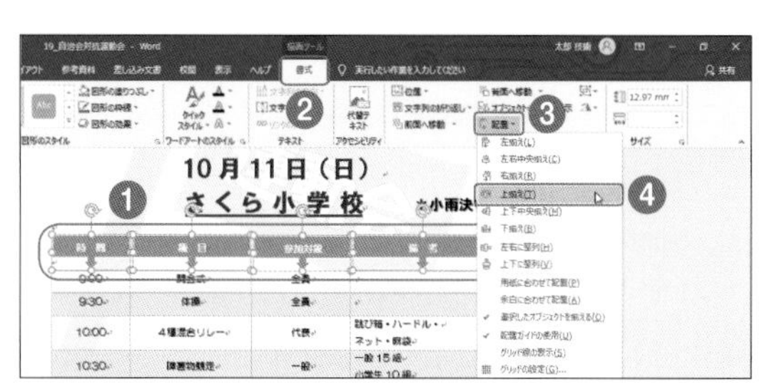

2 相対的な位置関係で並べる

図形をクリックし、2つ目以降の図形を Ctrl キーを押しながらクリックして選択します❶。[書式]タブ❷の[配置]グループの[配置]をクリックして❸、揃える位置をクリックします❹。

33 ページの背景に透かし文字を入れる

ページ設定

重要なお知らせ、緊急の通知などは、文書の背景に透かし文字を入れると、注意を向けさせることができます。透かしにする文字は任意に設定できます。

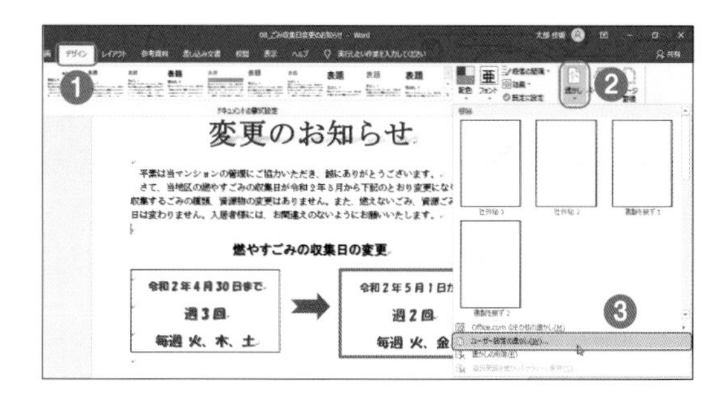

1 [ユーザー設定の透かし]を選択する

[デザイン]タブ❶の[ページの背景]グループの[透かし]をクリックして❷、[ユーザー設定の透かし]をクリックします❸。

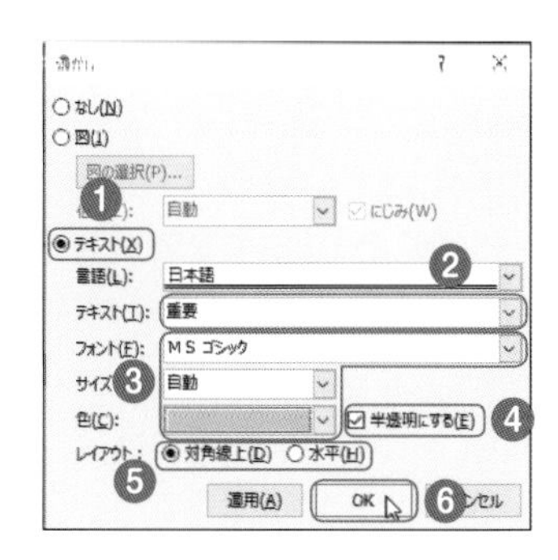

2 透かし文字を設定する

[透かし]ダイアログボックスの[テキスト]をクリックして❶、[テキスト]に文字を入力し❷、[フォント][サイズ][色]を指定します❸。[半透明にする]にチェックを付けて❹、[レイアウト]欄で[対角線上]か[水平]をクリックし❺、[OK]をクリックします❻。

34 ヘッダーやフッターを挿入する

ページ設定

ページの上下余白部分に文書名や作成日、ページ番号などを挿入して、各ページに自動的に印刷できます。上部を「ヘッダー」、下部を「フッター」と呼びます。

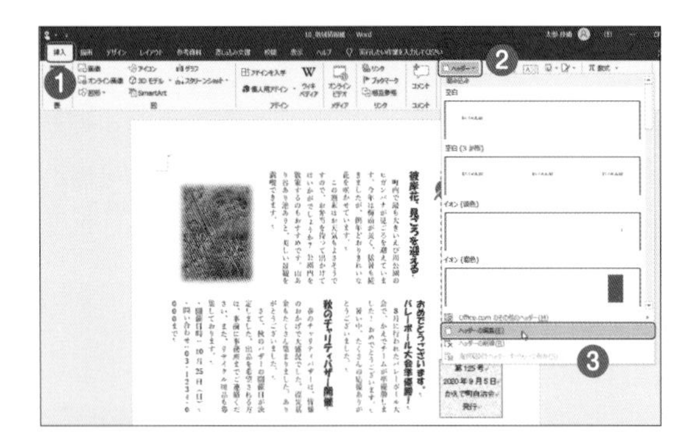

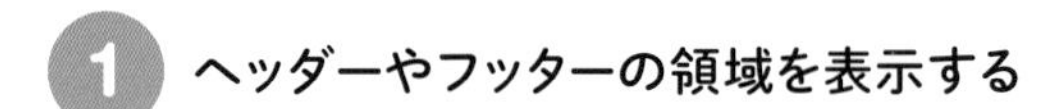

1 ヘッダーやフッターの領域を表示する

[挿入]タブ❶の[ヘッターとフッター]グループの[ヘッダー](または[フッター])をクリックして❷、[ヘッダーの編集](または[フッターの編集])をクリックします❸。

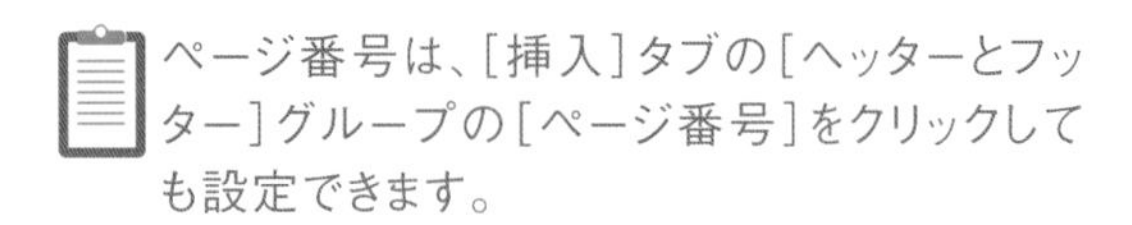

ページ番号は、[挿入]タブの[ヘッターとフッター]グループの[ページ番号]をクリックしても設定できます。

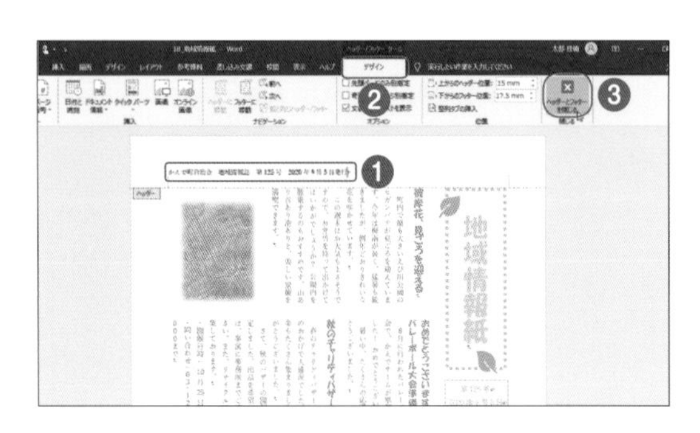

2 ヘッダーやフッターを設定する

ヘッダー領域に印刷する情報を入力して❶、[デザイン]タブ❷の[ヘッダーとフッターを閉じる]をクリックします❸。

[デザイン]タブの[挿入]グループの[日付と時刻][ドキュメント情報][画像]などから設定することもできます。

35 表を挿入して罫線の色を変更する

表

表は行と列で構成され、表のマス目ひとつひとつを「セル」と呼びます。行と列のパネルか、[表の挿入]ダイアログボックスで行数と列数を指定します。

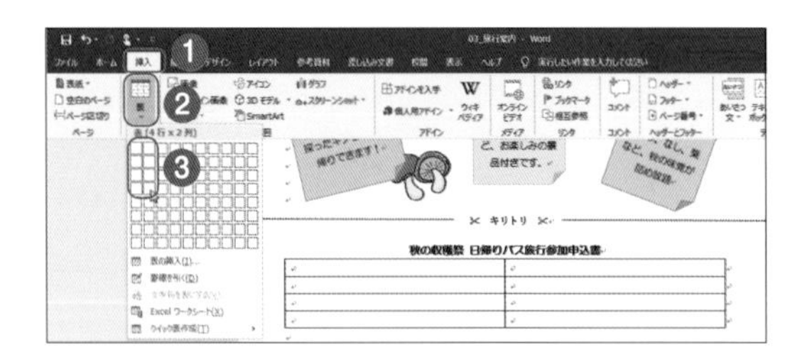

1 表を挿入する

表を挿入する位置をクリックして、[挿入]タブ❶の[表]グループの[表]をクリックし❷、行数と列数をドラッグして指定します❸。

2 罫線の色を変更する

[表の選択]⊞をクリックして表全体を選択します。[ペンの色]をクリックして任意の色を選択し❶、[罫線]をクリックして❷、[格子]をクリックします❸。

パネルでは「8行×10列」までしか指定できません。これ以上の場合は[表の挿入]ダイアログボックスを使います(p.49参照)。

36 表の列幅や行の高さを調整する

表

表の列幅や行の高さを変更するには、境界線をドラッグするか、数値を指定します。セル内の文字列や、ページの幅に合わせて自動調整することもできます。

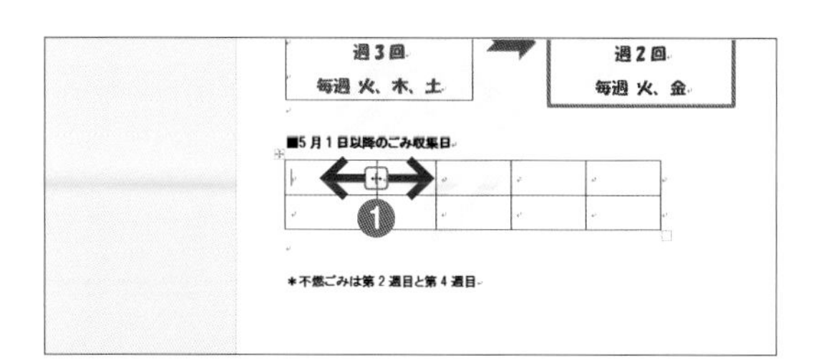

1 列幅や行の高さをドラッグして変更する

列の境界線上にマウスポインターを合わせて、マウスポインターの形が ⟺ に変わった状態でドラッグします❶。行の高さを変更する場合は、行の境界線を ÷ でドラッグします。

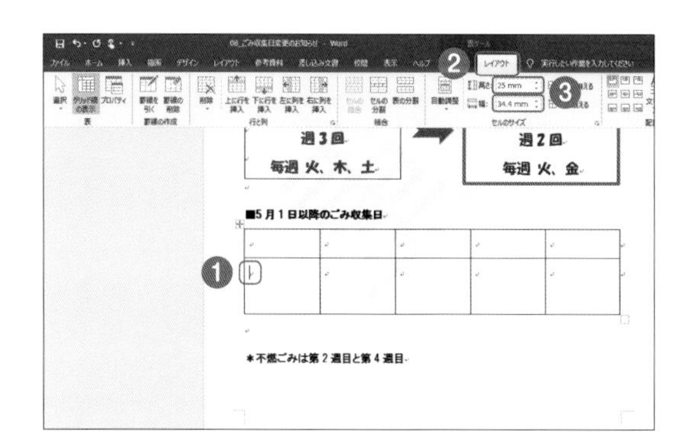

2 列幅や行の高さを数値で設定する

変更したいセル内をクリックして❶、[レイアウト]タブ❷の[セルのサイズ]グループの[高さ]あるいは[幅]に任意の数値を設定します❸。

[レイアウト]タブの[セルのサイズ]グループの[自動調整]をクリックすると、セル内の文字列やページの幅に合わせて、セルや表の幅を自動的に調整できます。

37 表の行や列を追加する／削除する

表

表を作成したあとで行や列を追加するには、追加したい位置で挿入マークをクリックします。あるいは[レイアウト]タブの[行と列]グループのコマンドを利用します。

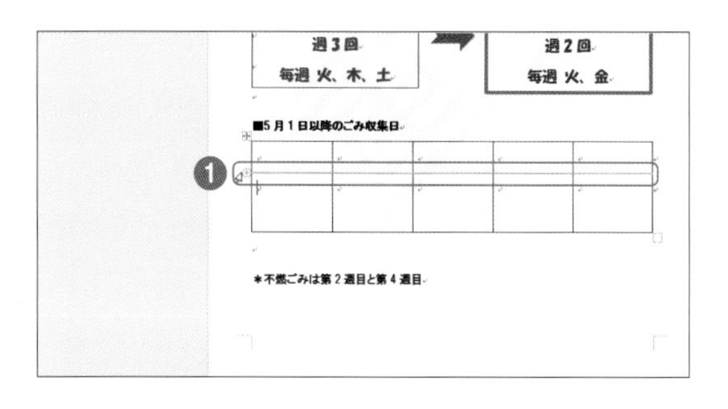

1 行や列を追加する

挿入したい行の余白にマウスポインターを移動し、⊕が表示されたらクリックします❶。列を追加する場合も同様に、列の挿入位置で⊕をクリックします。

[レイアウト]タブの[行と列]グループのコマンドから追加することもできます。

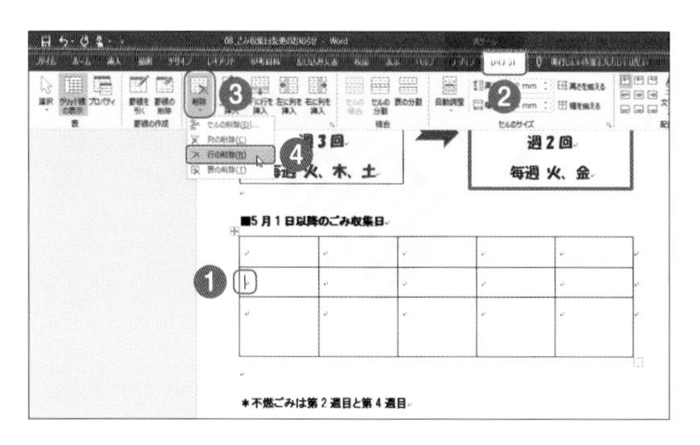

2 行や列を削除する

削除したい行(または列)内をクリックして❶、[レイアウト]タブ❷の[行と列]グループの[削除]をクリックし❸、[行の削除](または[列の削除])をクリックします❹。

38
表

表のセルを結合する／分割する

隣り合う複数のセルを結合して1つのセルとして扱うことができます。また、1つのセルを複数のセルに分けたい場合はセルを分割します。

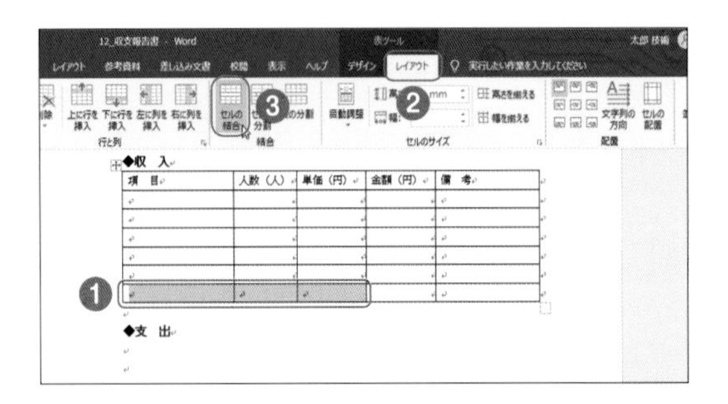

1 セルを結合する

結合するセルを選択して❶、[レイアウト]タブ❷の[結合]グループの[セルの結合]をクリックします❸。

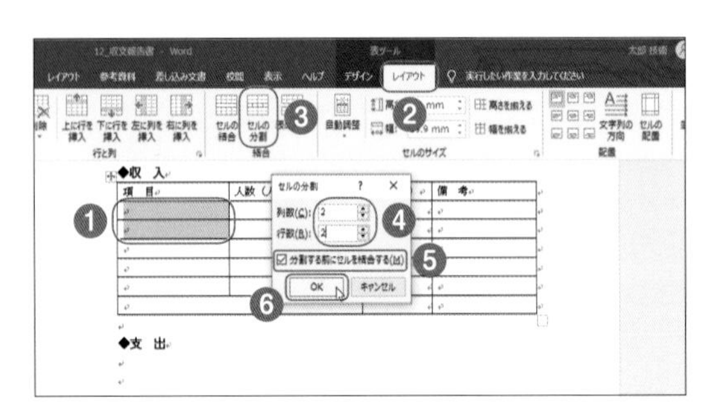

2 セルを分割する

分割したいセルを選択して❶、[レイアウト]タブ❷の[結合]グループの[セルの分割]をクリックします❸。[セルの分割]ダイアログボックスで分割後の[列数]と[行数]を指定して❹、[分割する前にセルを結合する]にチェックを付け❺、[OK]をクリックします❻。

39
表

セル内の文字の配置を設定する

セル内の文字は、中央揃えや右揃えなどに設定できます。列が高い表では、上揃えや下揃えに設定することもできます。また、セル内の文字を縦書きにすることもできます。

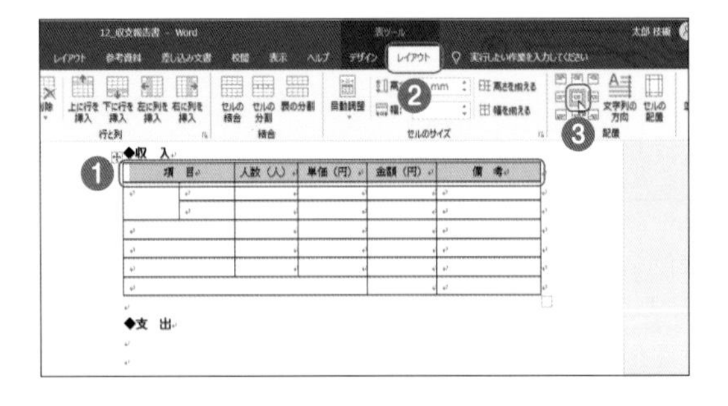

1 セルの中央に文字を配置する

セルを選択して❶、[レイアウト]タブ❷の[配置]グループの[中央揃え]をクリックします❸。

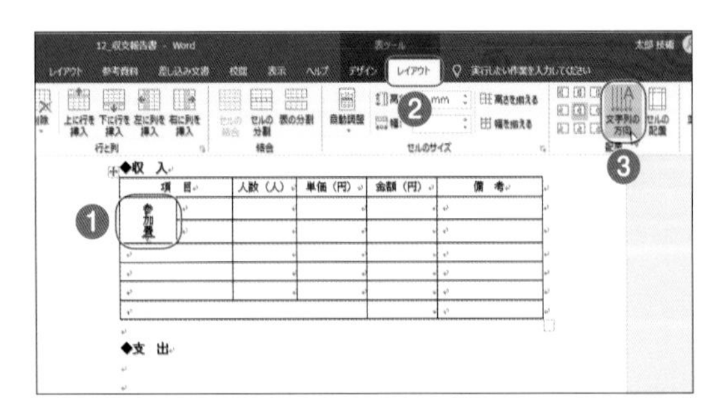

2 文字を縦書きに設定する

セルをクリックして❶、[レイアウト]タブ❷の[配置]グループの[文字列の方向]をクリックします❸。

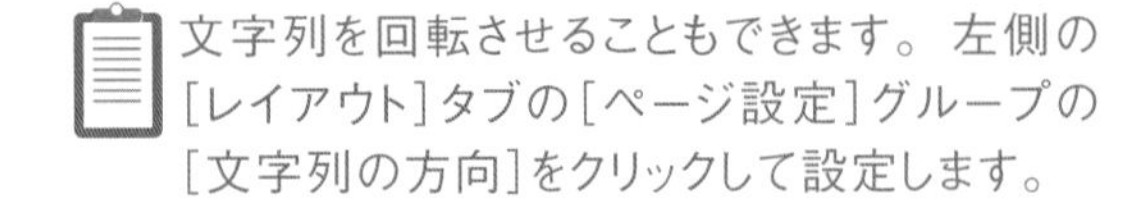
文字列を回転させることもできます。左側の[レイアウト]タブの[ページ設定]グループの[文字列の方向]をクリックして設定します。

エクセルの基本操作

エクセルで書類をつくるために覚えておくと便利な基本操作を解説します。
Chapter 3で紹介した作例だけでなく、
さまざまな文書を作成する際の参考にしてください。

01 セルを挿入する／削除する

セル操作

表の一部にセルを挿入したり削除したりすることができます。セル単位で挿入／削除する場合は、挿入後や削除後のセルの移動方向を指定します。

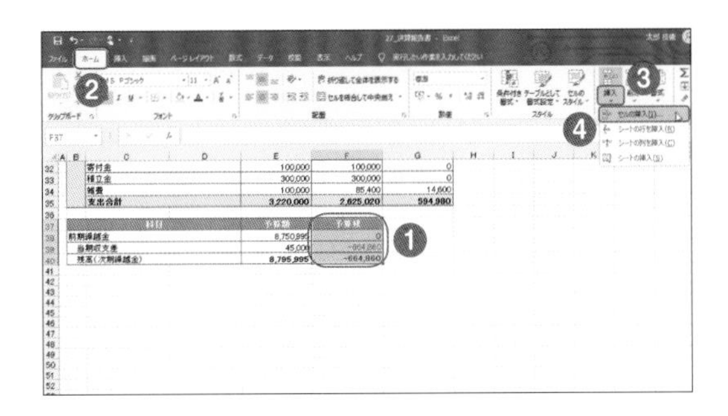

1 [セルの挿入]を選択する

挿入位置のセルを選択します❶。[ホーム]タブ❷の[セル]グループの[挿入]の挿入をクリックして❸、[セルの挿入]をクリックします❹。

セルを削除するには、[ホーム]タブの[セル]グループの[削除]の削除をクリックして、[セルの削除]をクリックします。

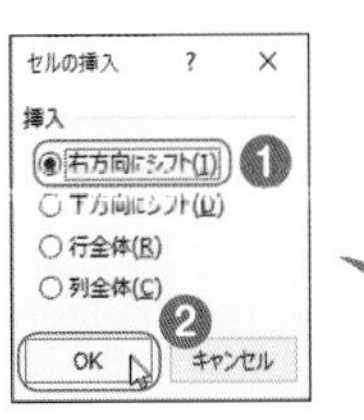

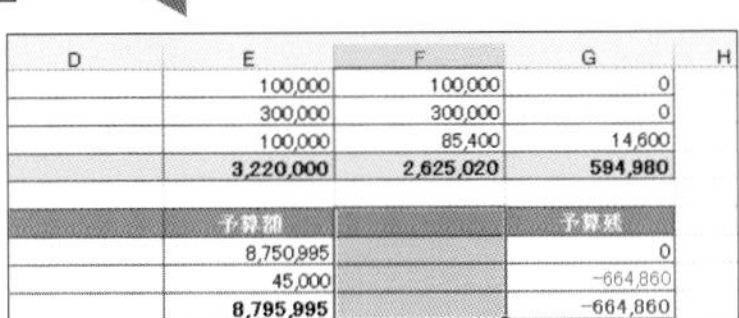

2 セルの移動方向を選択する

[セルの挿入]ダイアログボックスの[挿入]欄で、挿入後のセルの移動方向を指定して❶、[OK]をクリックします❷。

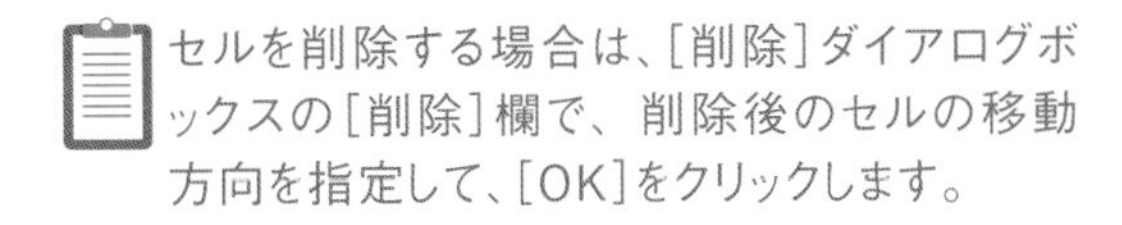

セルを削除する場合は、[削除]ダイアログボックスの[削除]欄で、削除後のセルの移動方向を指定して、[OK]をクリックします。

02 セル操作

データを連続でコピーする／連続データを入力する

入力したセルを選択してフィルハンドルをドラッグすると、同じデータを連続でコピーしたり、連続したデータを入力したりすることができます。

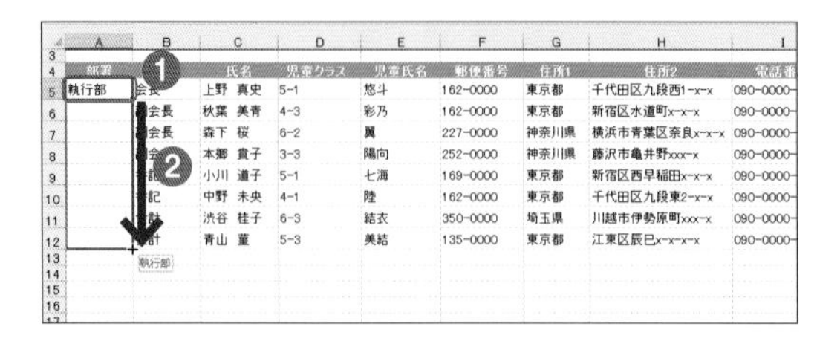

1 データを連続でコピーする

コピーするセルをクリックして❶、右下隅のフィルハンドル（緑の点）にマウスポインターを合わせ、ポインターの形が＋に変わった状態でドラッグします❷。

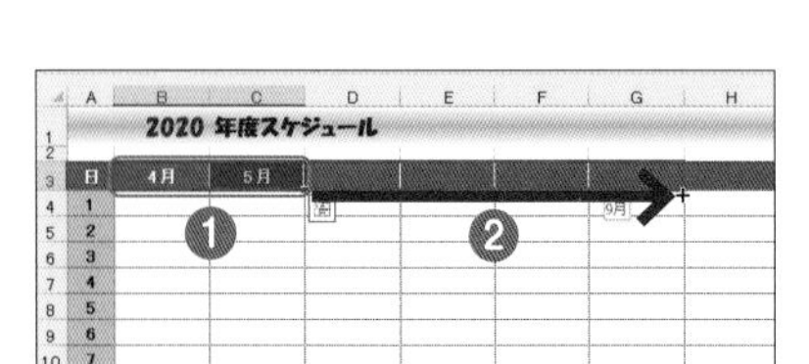

2 連続データを入力する

連続するデータが入力されたセルを選択して❶、右下隅のフィルハンドル（緑の点）にマウスポインターを合わせ、ポインターの形が＋に変わった状態でドラッグします❷。

「4月」と入力したセルをクリックして、Ctrl キーを押しながらフィルハンドルをドラッグしても、同様に連続データを入力できます。

03 セル操作

データをセル単位で入れ替える

データをセル単位で入れ替えたい場合は、移動元のセル範囲を選択して切り取り、移動先で切り取ったセルを挿入します。

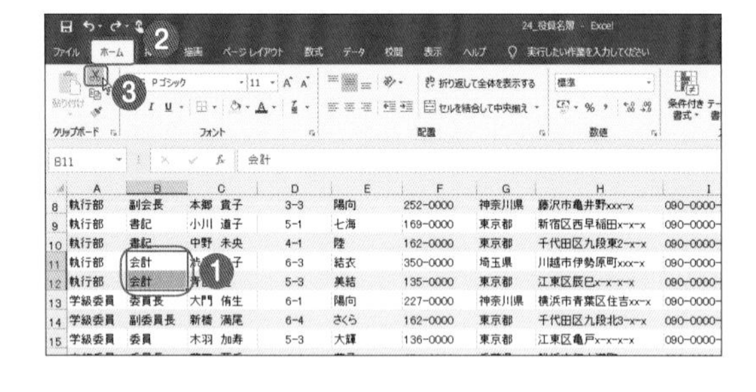

1 セルを切り取る

入れ替えるセルを選択して❶、［ホーム］タブ❷の［クリップボード］グループの［切り取り］をクリックします❸。

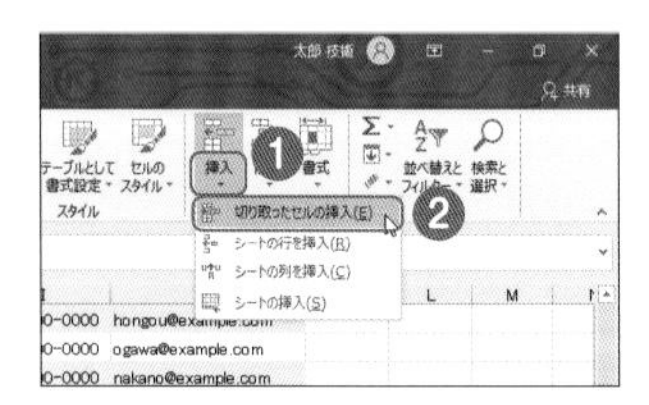

2 切り取ったセルを挿入する

移動先のセルをクリックして、［ホーム］タブの［セル］グループの［挿入］のをクリックし❶、［切り取ったセルの挿入］をクリックします❷。

04 数値の表示形式を設定する

書式設定

エクセルでは表示形式を使用して、数値に桁区切りやパーセント記号などを付けて表示したり、「001」のように指定した桁数で表示したりすることができます。

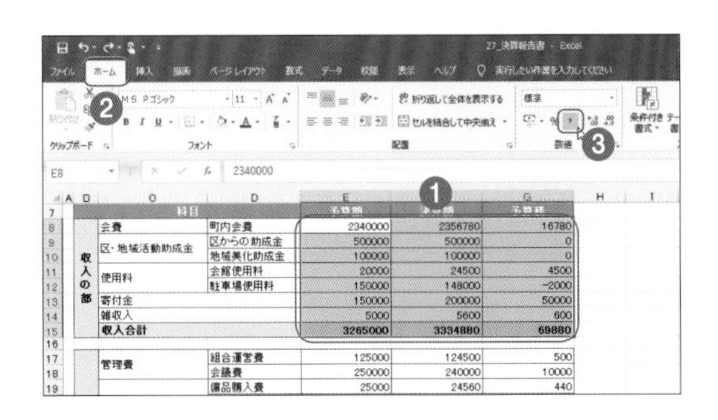

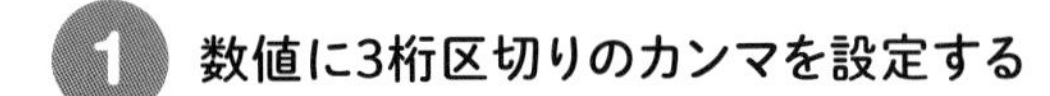

1 数値に3桁区切りのカンマを設定する

セル範囲を選択して❶、[ホーム]タブ❷の[数値]グループの[桁区切りスタイル] をクリックします❸。

2 日付の表示形式を設定する

日付を入力したセルを選択して❶、[ホーム]タブ❷の[数値]グループタイトル右の をクリックします❸。

3 日付の種類を選択する

[セルの書式設定]ダイアログボックスの[表示形式]タブをクリックして❶、[分類]欄で[日付]をクリックします❷。[種類]で任意の表示形式をクリックして❸、[OK]をクリックします❹。

[カレンダーの種類]で[和暦]を選択すると、日付を和暦で表示することができます。

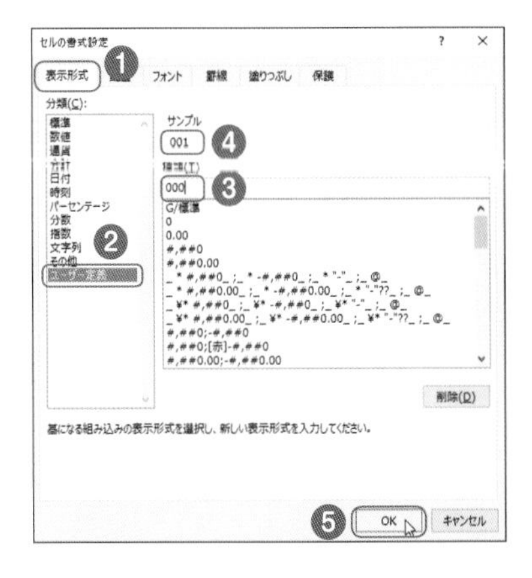

4 数値を指定した桁数で表示する

セル範囲を選択して、[セルの書式設定]ダイアログボックスを表示します。[表示形式]タブをクリックして❶、[分類]欄で[ユーザー定義]をクリックし❷、[種類]欄に「000」と入力します❸。[サンプル]欄に「001」と表示されたのを確認して❹、[OK]をクリックします❺。

「001」「002」…などの数値は、表示形式を[文字列]に設定しても入力できます。

05

書式設定

文字の書式を設定する

セルに入力した数値や文字のフォント、フォントサイズ、フォントの色などは任意に変更できます。また、文字をセルに合わせて折り返すこともできます。

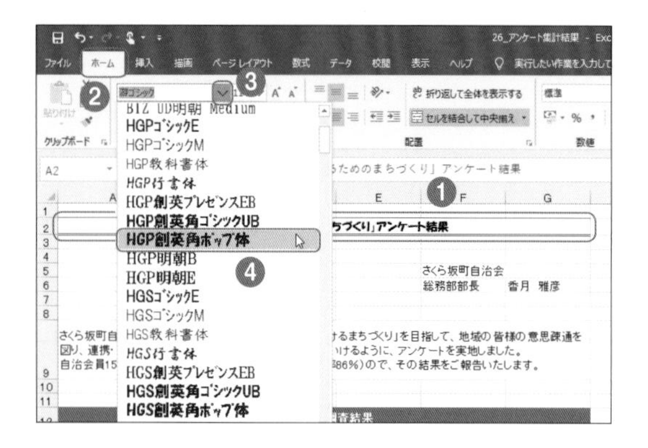

1 フォントを変更する

フォントを変更するセルをクリックします❶。[ホーム]タブ❷の[フォント]グループの[フォント]の⌵をクリックして❸、任意のフォントをクリックします❹。

入力したデータが数値の場合はセル内の右揃え、文字の場合は左揃えに配置されますが、[配置]グループのコマンドで変更できます。

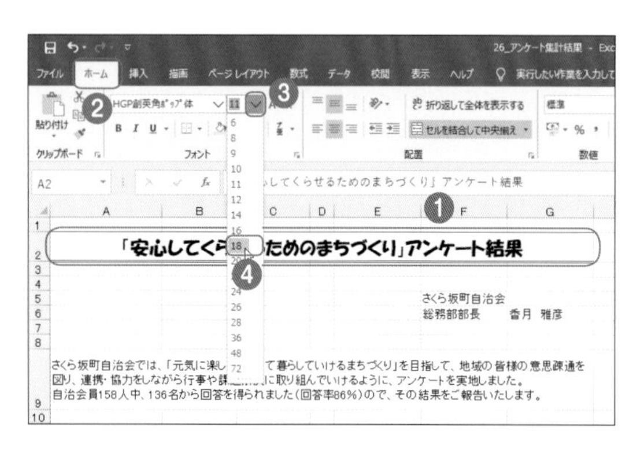

2 フォントサイズを変更する

フォントサイズを変更するセルをクリックします❶。[ホーム]タブ❷の[フォント]グループの[フォントサイズ]の⌵をクリックして❸、任意のフォントサイズをクリックします❹。

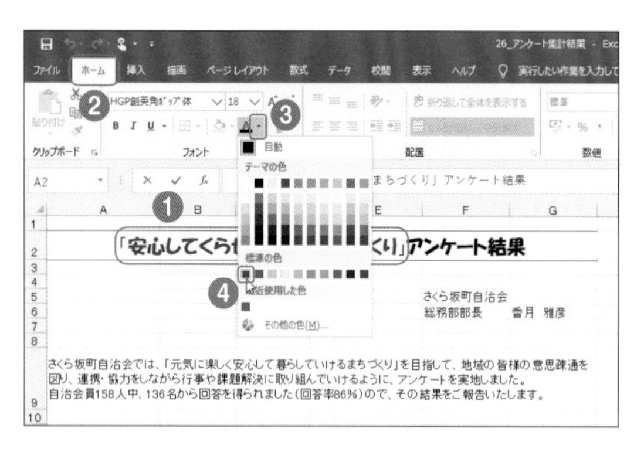

3 文字の一部の色を変更する

色を変更する文字を選択します❶。[ホーム]タブ❷の[フォント]グループの[フォントの色]Aの▾をクリックして❸、任意の色をクリックします❹。

フォントやフォントサイズ、フォントの色は、対象にマウスポインターを合わせると、リアルタイムで適用されて表示されます。

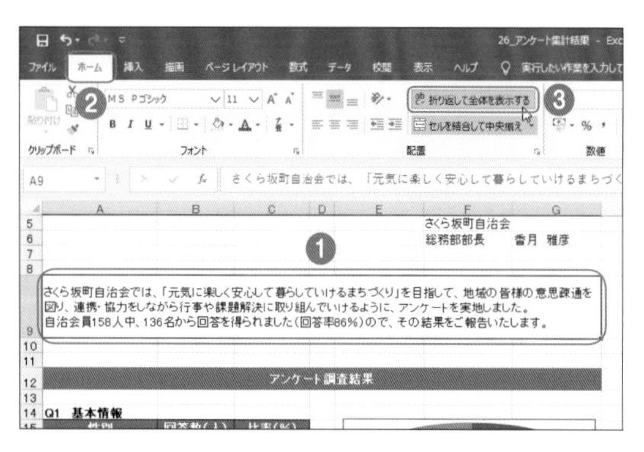

4 文字をセルに合わせて折り返す

文字を折り返すセルをクリックして❶、[ホーム]タブ❷の[配置]グループの[折り返して全体を表示する]をクリックします❸。

06 セルを結合する

書式設定

隣り合う複数のセルを結合して、1つのセルとして扱うことができます。選択したセルにデータが入力されていた場合は、左上隅のセルのデータだけが結合セルに残ります。

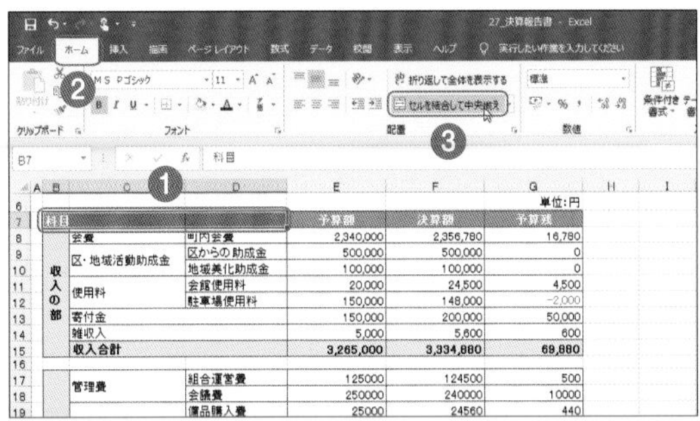

1 セルを結合してデータを中央揃えに設定する

結合するセルを選択して❶、[ホーム]タブ❷の[配置]グループの[セルを結合して中央揃え]をクリックします❸。

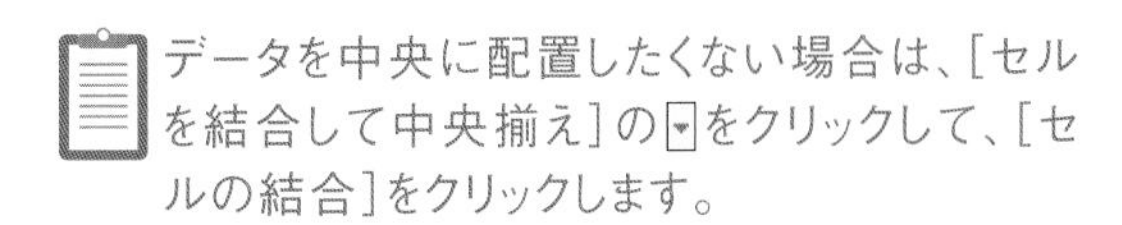

データを中央に配置したくない場合は、[セルを結合して中央揃え]の▾をクリックして、[セルの結合]をクリックします。

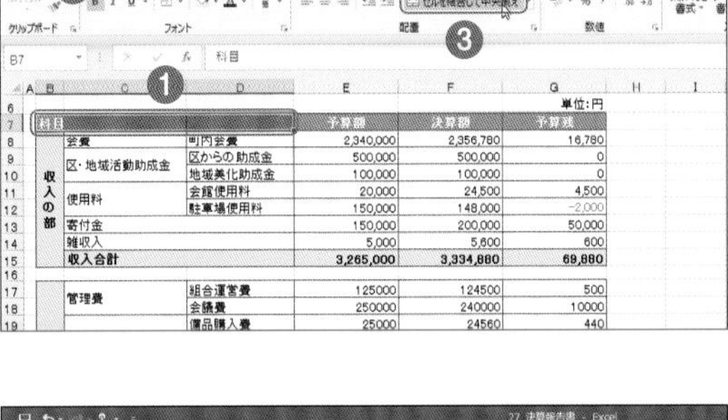

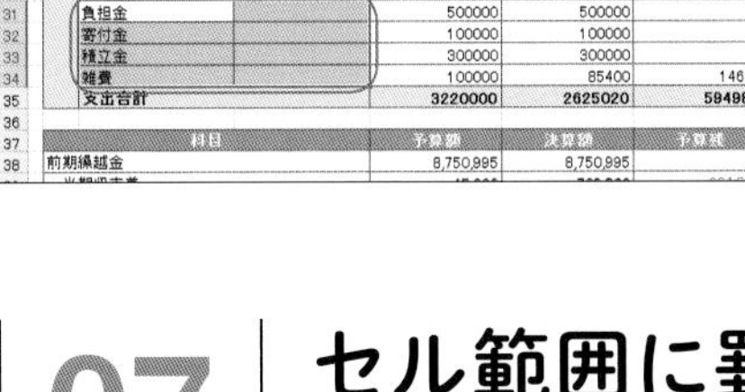

2 複数範囲のセルを横方向に結合する

結合するセルを選択して❶、[ホーム]タブ❷の[配置]グループの[セルを結合して中央揃え]の▾をクリックし❸、[横方向に結合]をクリックします❹。

07 セル範囲に罫線を引く

書式設定

シートに表示されている枠線は、印刷しても表示されません。印刷される枠線を引くには、罫線を設定します。直線以外にいろいろな種類があり、太さや色も設定できます。

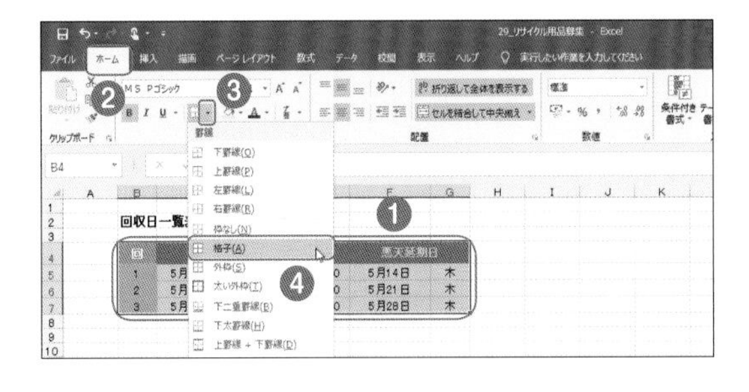

1 セルに格子線を設定する

罫線を設定するセルを選択します❶。[ホーム]タブ❷の[フォント]グループの[罫線]▾の▾をクリックして❸、[格子]をクリックします❹。

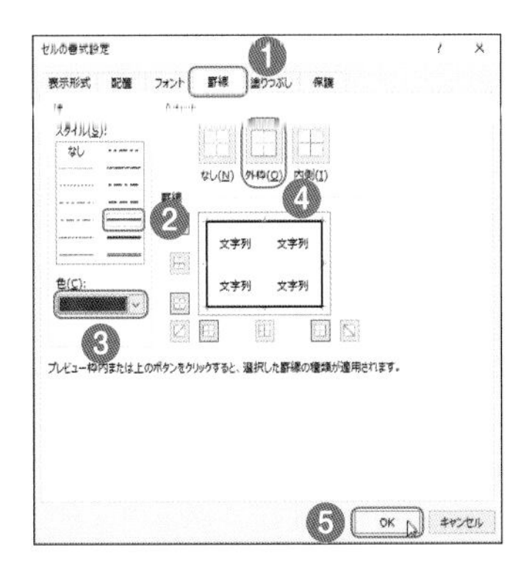

2 罫線のスタイルと色を設定する

罫線を設定するセルを選択して、[ホーム]タブの[フォント]グループタイトル右の◲をクリックします。[セルの書式設定]ダイアログボックスの[罫線]タブをクリックして❶、[スタイル]から線の種類を選択します❷。[色]で任意の色を選択して❸、[プリセット]欄で線の設定箇所をクリックし❹、[OK]をクリックします❺。

08 テキストボックスを挿入する

文字配置

テキストボックスを利用すると、ワークシートの自由な位置に文字を配置することができます。テキストボックスの書式も任意に設定できます。

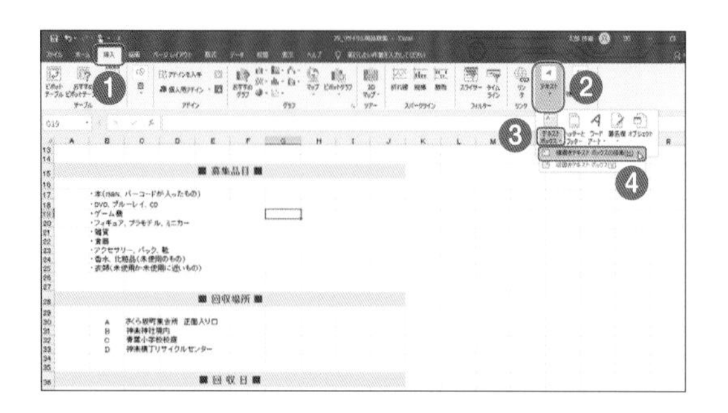

1 テキストボックスを選択する

［挿入］タブ❶の［テキスト］をクリックして❷、［テキストボックス］ をクリックし❸、［横書きテキストボックスの描画］（または［縦書きテキストボックス］）をクリックします❹。

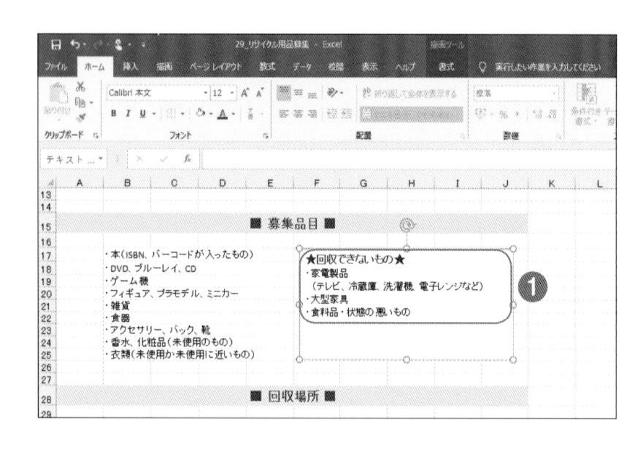

2 文書内の任意の場所に配置する

テキストボックスを配置したい位置で対角線上にドラッグします。テキストボックス内にカーソルが点滅するので、文字を入力して、フォントと文字サイズ、文字色を設定します❶。

3 テキストボックスの色を変更する

テキストボックスをクリックして❶、［書式］タブ❷の［図形のスタイル］グループの［図形の塗りつぶし］をクリックし❸、任意の色をクリックします❹。

［図形の枠線］をクリックすると、枠線の色や太さ、スタイルを変更できます。

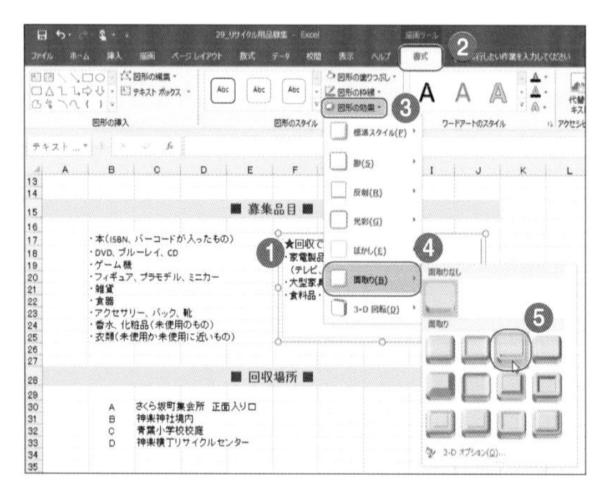

4 テキストボックスに効果を設定する

テキストボックスをクリックします❶。［書式］タブ❷の［図形のスタイル］グループの［図形の効果］をクリックして❸、［面取り］にマウスポインターを合わせ❹、一覧から任意の効果をクリックします❺。

［面取り］のほかに、影や反射、光彩、ぼかしなどの視覚効果を設定できます。

09 画像を挿入する

図

デジタルカメラで撮影した写真や、オンラインで検索した画像などをワークシートに挿入して利用することができます。ここでは、オンライン画像を挿入してみましょう。

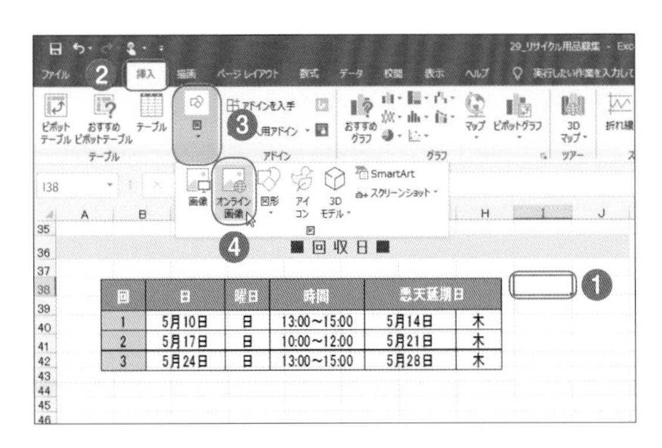

1 [オンライン画像]を選択する

画像を挿入する位置をクリックして❶、[挿入]タブ❷の[図]をクリックし❸、[オンライン画像]をクリックします❹。

挿入した画像は、明るさやコントラストを調整したり、色を変更したりすることができます。[書式]タブの[調整]グループの各コマンドを利用します。

2 オンライン画像を挿入する

[オインライン画像](ワード 2016/2013では[画像の挿入])ダイアログボックスにキーワードを入力して Enter キーを押します❶。検索結果の一覧から目的に合った画像をクリックして❷、[挿入]をクリックし❸、画像のサイズや位置を調整します。

10 行や列を隠す／再表示する

セル操作

作成した表の一部を隠したり、印刷したくない行や列がある場合は、一時的に非表示にすることができます。必要であれば再表示して元の表の状態に戻せます。

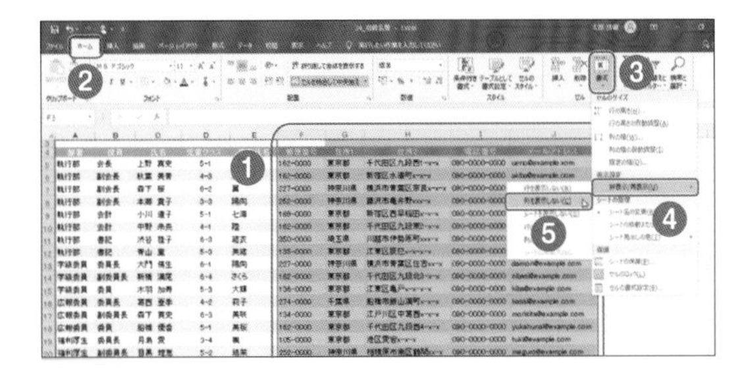

1 列(行)を非表示にする

非表示にする列(行)を選択します❶。[ホーム]タブ❷の[セル]グループの[書式]をクリックして❸、[非表示／再表示]にマウスポインターを合わせ❹、[列を表示しない]([行を表示しない])をクリックします❺。

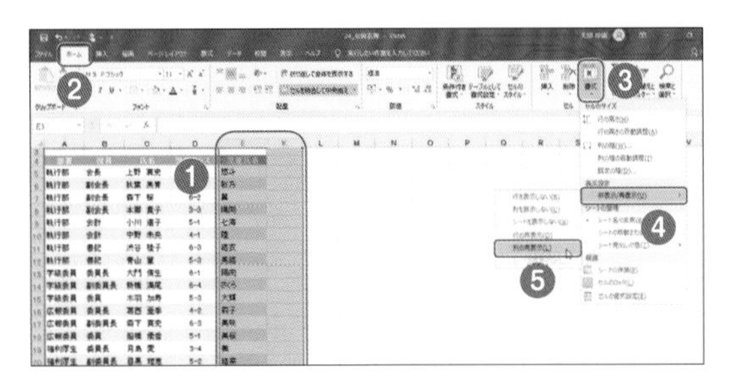

2 列(行)を再表示する

非表示にしている列(行)の前後を含めて選択します❶。[ホーム]タブ❷の[セル]グループの[書式]をクリックして❸、[非表示／再表示]にマウスポインターを合わせ❹、[列の再表示]([行の再表示])をクリックします❺。

11

セル操作

データ範囲を並べ替える

データベース形式の表では、データを「昇順」や「降順」で並べ替えることができます。昇順では0〜9、A〜Z、日本語の順で、降順はその逆の順で並べ替えられます。

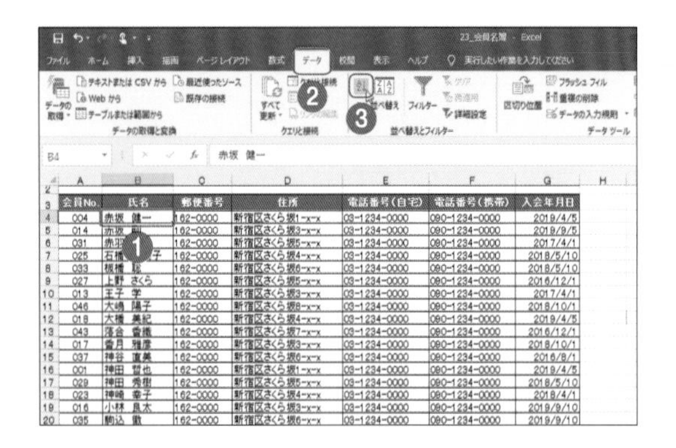

1 氏名の五十音順で並べ替える

氏名が入力されているいずれかのセルをクリックして❶、[データ]タブ❷の[並べ替えとフィルター]グループの[昇順] をクリックします❸。

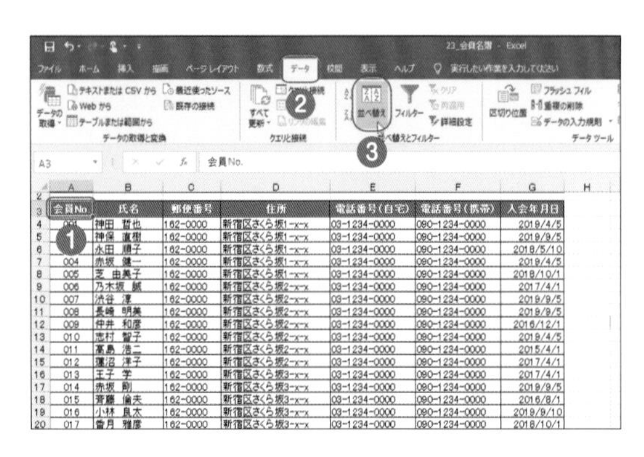

2 2つの条件でデータを並べ替える

表内のセルをクリックして❶、[データ]タブ❷の[並べ替えとフィルター]グループの[並べ替え]をクリックします❸。

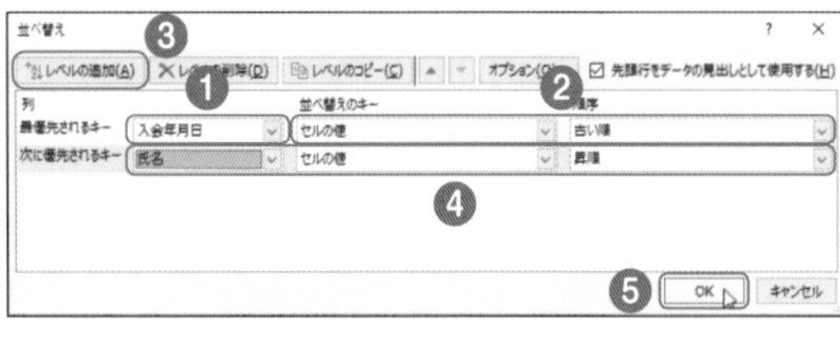

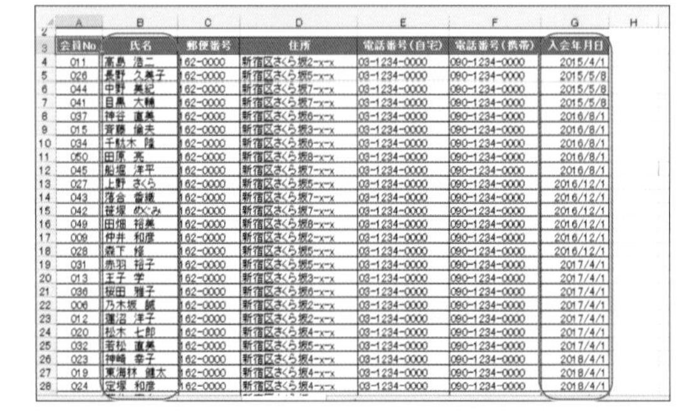

3 並べ替えのキーを設定する

[並べ替え]ダイアログボックスの[最優先されるキー]で並べ替えの基準になる列を選択し❶、[並べ替えのキー]と[順序]を設定します❷。続いて、[レベルの追加]をクリックして❸、同様に[次に優先されるキー]の条件を設定し❹、[OK]をクリックします❺。

ワンポイントアドバイス

通常は列をキーとして行単位で並べ替えますが、列単位で並べ替えることもできます。表内のセルをクリックして、[データ]タブの[並べ替えとフィルター]グループの[並べ替え]をクリックします。[並べ替え]ダイアログボックスの[オプション]をクリックして、[並べ替えオプション]ダイアログボックスの[方向]欄で[列単位]をクリックします。

12 セル操作

条件に合うデータだけを表示する

「オートフィルター」機能を利用すると、データベース形式の表から特定の条件に一致するデータだけを絞り込んで表示することができます。

1 フィルターを設定する

表内のセルをクリックして❶、[データ]タブ❷の[並べ替えとフィルター]グループの[フィルター]をクリックします❸。

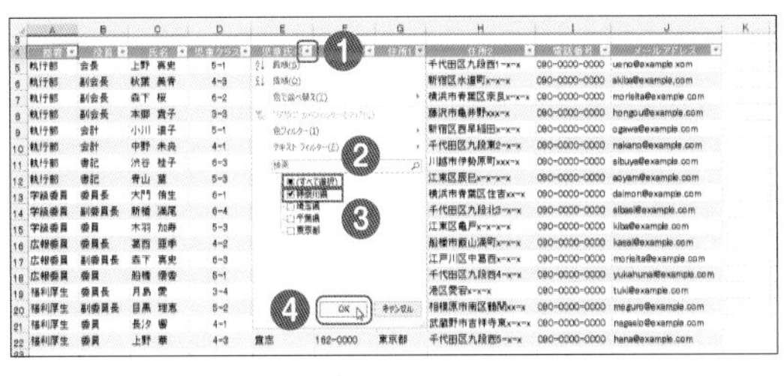

2 条件を指定して絞り込む

絞り込みたいデータが入力されている列の▼をクリックします❶。[すべて選択]をクリックしてチェックを外し❷、表示する項目にチェックを付けて❸、[OK]をクリックします❹。

表示する項目は1つだけでなく、複数にチェックを付けることができます。また、別の列見出しからも表示する項目を指定して、さらに絞り込むことができます。

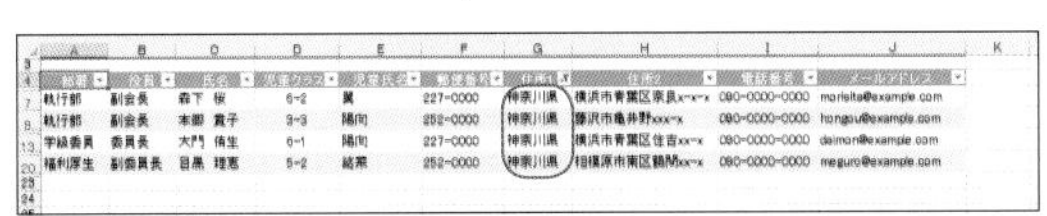

3 絞り込みを解除する

絞り込んだ列の見出し行の▼をクリックして❶、ここでは、["住所1"からフィルターをクリア]をクリックします❷。

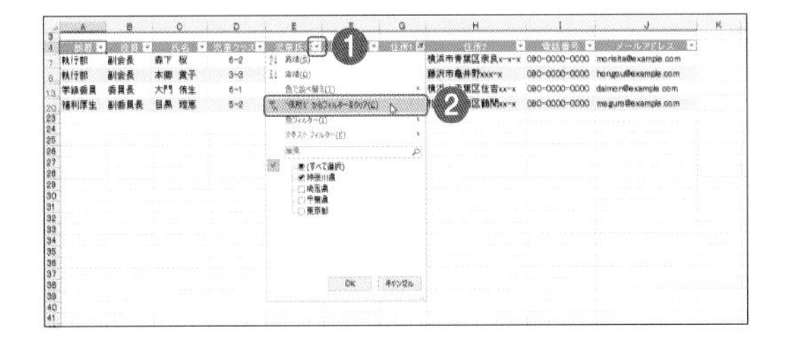

ワンポイントアドバイス

詳細な条件を指定して絞り込むこともできます。見出し行の▼をクリックして、[テキストフィルター]や[色フィルター]にマウスポインターを合わせて条件を選択します。続いて、表示されるダイアログボックスで抽出条件を指定して、[OK]をクリックします。

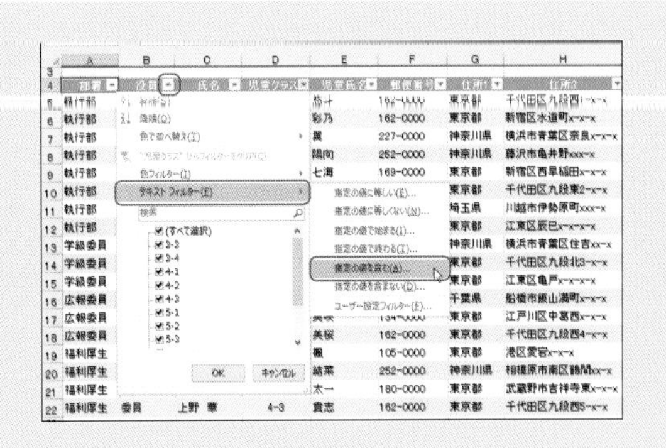

13 セル範囲に名前を付ける／管理する

セル操作

セル範囲に名前を付けておくと、数式の中でセル参照のかわりに利用したり、印刷範囲に指定したりすることができます。

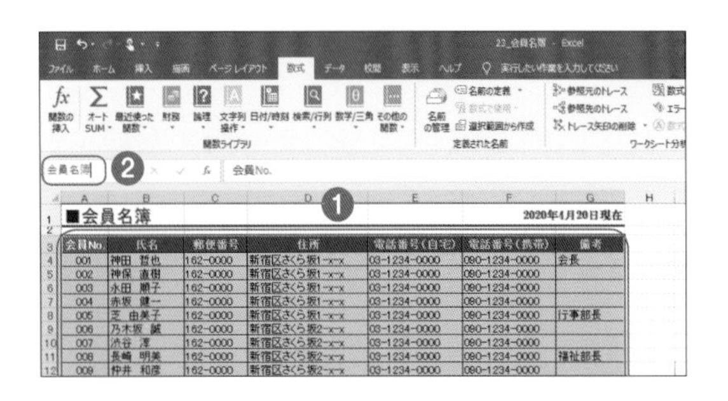

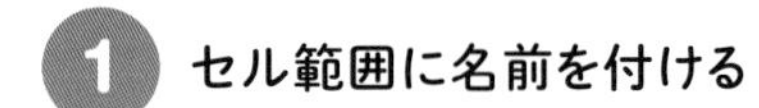

❶ セル範囲に名前を付ける

セル範囲を選択して❶、[名前ボックス]に「会員名簿」と入力し、Enter キーを押します❷。

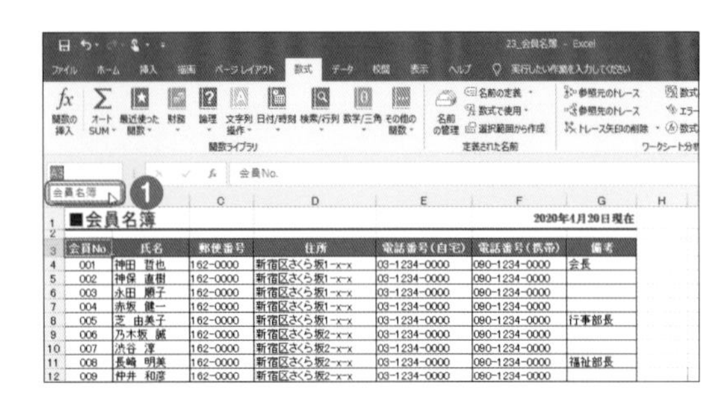

❷ 名前を付けたセル範囲を選択する

[名前ボックス]の▾をクリックして、「会員名簿」をクリックすると❶、名前を付けたセル範囲が選択されます。

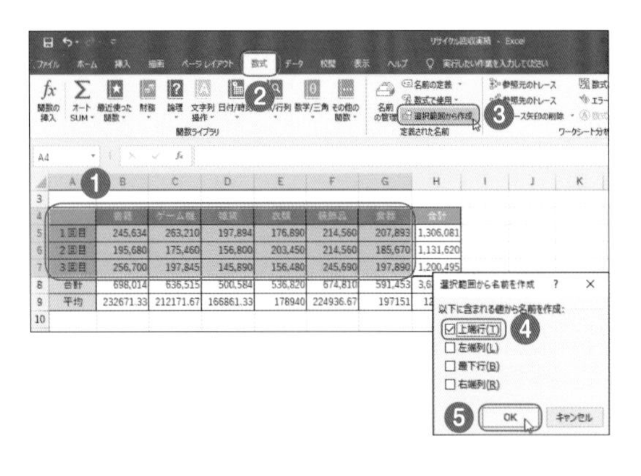

❸ 選択した範囲から名前を自動的に設定する

見出しを含めてセル範囲を選択し❶、[数式]タブ❷の[定義された名前]グループの[選択範囲から作成]をクリックします❸。[選択範囲から名前を作成]ダイアログボックスの[以下に含まれる値から名前を作成]欄の[上端行]にチェックを付けて❹、[OK]をクリックします❺。

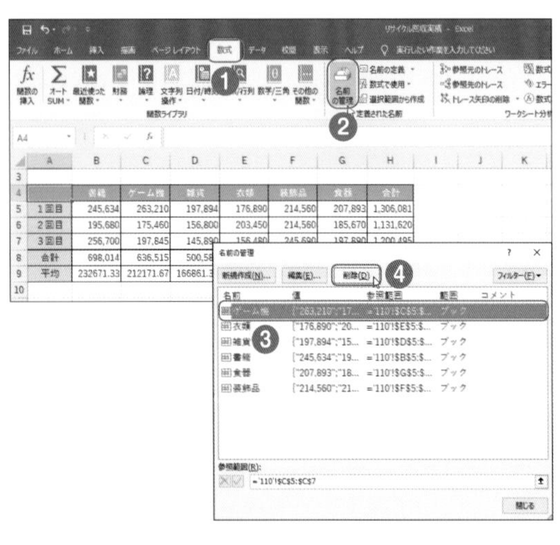

❹ 名前を削除する

[数式]タブ❶の[定義された名前]グループの[名前の管理]をクリックします❷。[名前の管理]ダイアログボックスの一覧から削除する名前をクリックして❸、[削除]をクリックします❹。

14 テーブル機能を利用する

セル操作

表をテーブルに変換すると、データの抽出や集計などがすばやく設定できます。また、見栄えのする表をかんたんに作成することもできます。

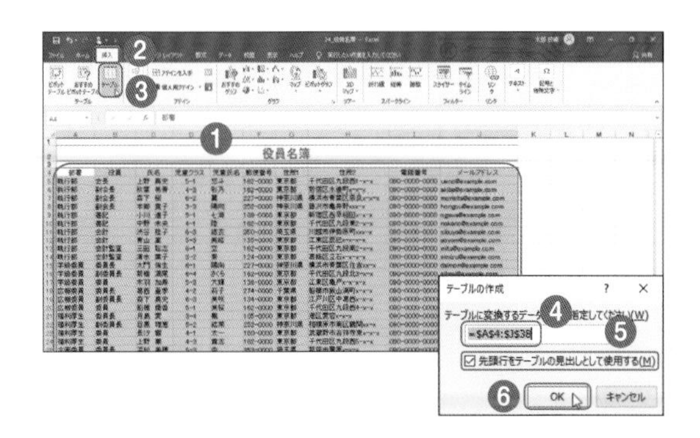

1 表をテーブルに変換する

セル範囲を選択して❶、[挿入]タブ❷の[テーブル]グループの[テーブル]をクリックします❸。[テーブルの作成]ダイアログボックスで選択した範囲を確認して❹、[先頭行をテーブルの見出しとして使用する]にチェックを付け❺、[OK]をクリックします❻。

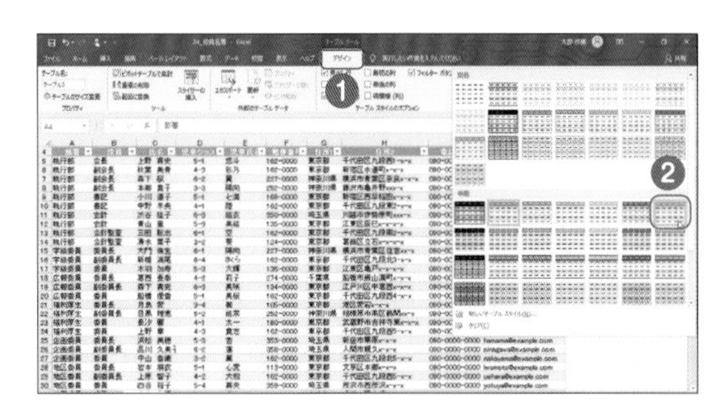

2 テーブルにスタイルを設定する

テーブル内のセルをクリックして、[デザイン]タブ❶の[テーブルスタイル]グループの[その他]をクリックし、設定したいスタイルをクリックします❷。

テーブル内のセルをクリックして、[デザイン]タブの[テーブルスタイルのオプション]グループの[集計行]にチェックを付けると、テーブルの最終行に集計行が表示されます。

15 テーマを利用する

ページレイアウト

テーマを利用すると、フォントや塗りつぶしの色、図形の効果などの書式をまとめて設定できます。配色やフォント、効果を個別にカスタマイズすることもできます。

1 テーマを設定する

[ページレイアウト]タブ❶の[テーマ]グループの[テーマ]をクリックして❷、任意のテーマをクリックします❸。

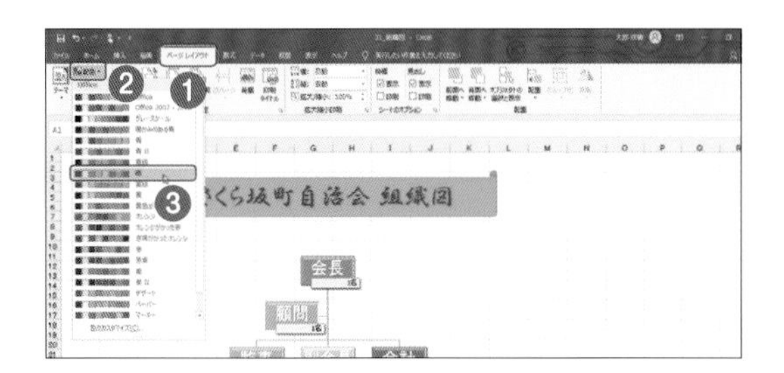

2 テーマの配色をカスタマイズする

[ページレイアウト]タブ❶の[テーマ]グループの[配色]をクリックして❷、任意の配色をクリックします❸。

16 ページレイアウト

印刷範囲を設定する

特定のセル範囲だけをいつも印刷する場合は、「印刷範囲」として設定しておきます。一度だけ印刷する場合は、[選択した部分を印刷]を実行します。

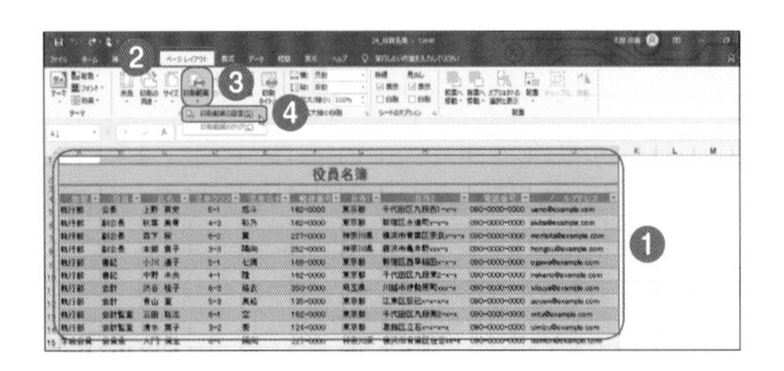

1 印刷範囲を設定する

セル範囲を選択して❶、[ページレイアウト]タブ❷の[ページ設定]グループの[印刷範囲]をクリックし❸、[印刷範囲の設定]をクリックします❹。

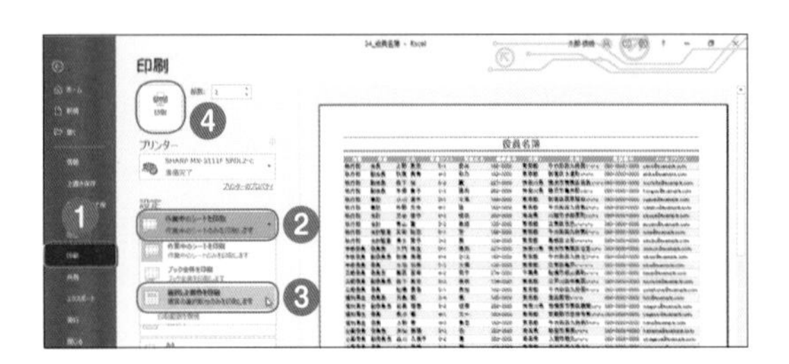

2 選択した範囲だけを印刷する

印刷する範囲を選択して、[ファイル]タブの[印刷]をクリックします❶。[作業中のシートを印刷]をクリックして❷、[選択した部分を印刷]をクリックし❸、[印刷]をクリックします❹。

17 ページレイアウト

表の見出しをすべてのページに印刷する

複数のページにまたがる表を印刷するとき、2ページ目以降にも表見出しや見出し行を印刷すると、各行の項目がわかりやすくなります。

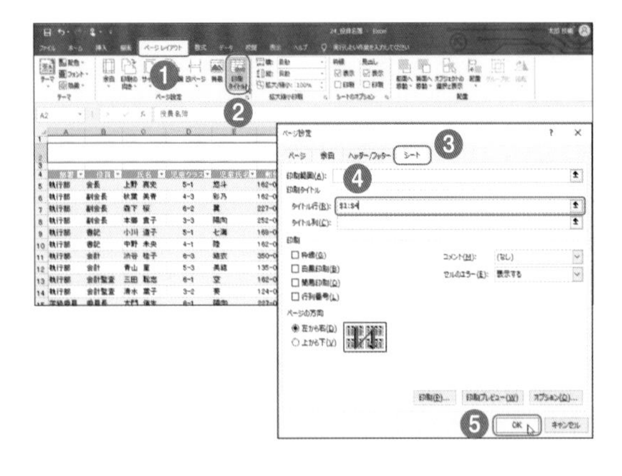

1 見出しを印刷できるように設定する

[ページレイアウト]タブ❶の[ページ設定]グループの[印刷タイトル]をクリックします❷。[ページ設定]ダイアログボックスの[シート]タブをクリックして❸、[タイトル行]に印刷したい見出し行をクリックあるいはドラッグで指定し❹、[OK]をクリックします❺。

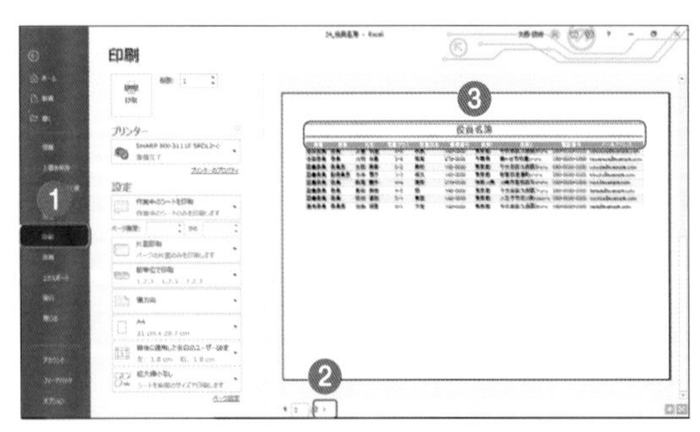

2 印刷プレビューで確認する

[ファイル]タブの[印刷]をクリックします❶。[次のページ] ▶ をクリックして❷、2ページ目にもタイトルが表示されることを確認します❸。

18 セルに数式を入力する

数式・関数

セルには計算を行うための「数式」(計算式)を入力することができます。数式では、数値を入力するかわりにセルの位置を指定して計算することもできます。

MINIFS　=363155-350000

	A	B	C	D	E
1	チャリティバザー売上実績表				
2					
3		1日目	2日目	3日目	合計
4	バザーコーナー	145360	163450	176430	485240
5	フードコーナー	119450	125430	142350	387230
6	キッズコーナー	98345	102340	113560	314245
7	売上実績	363155	391220	432340	1186715
8	売上目標	350000	380000	400000	1130000
9	差　額	=363155-350000			

❶ 数式を入力して計算する

数式を入力するセルをクリックして、半角で「=」と入力します❶。続いて、「363155-350000」と入力して、Enter キーを押します❷。

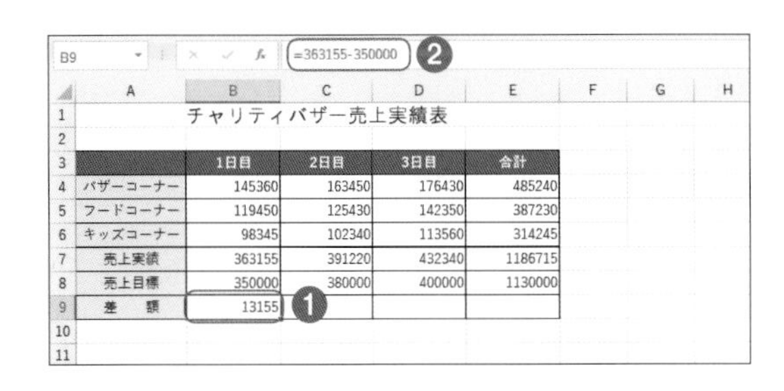

B9　=363155-350000

	A	B	C	D	E
1	チャリティバザー売上実績表				
2					
3		1日目	2日目	3日目	合計
4	バザーコーナー	145360	163450	176430	485240
5	フードコーナー	119450	125430	142350	387230
6	キッズコーナー	98345	102340	113560	314245
7	売上実績	363155	391220	432340	1186715
8	売上目標	350000	380000	400000	1130000
9	差　額	13155			

❷ 数式を確認する

数式を入力したセルに計算結果が表示されます。結果が表示されたセルをクリックすると❶、[数式バー]に数式が表示されます❷。

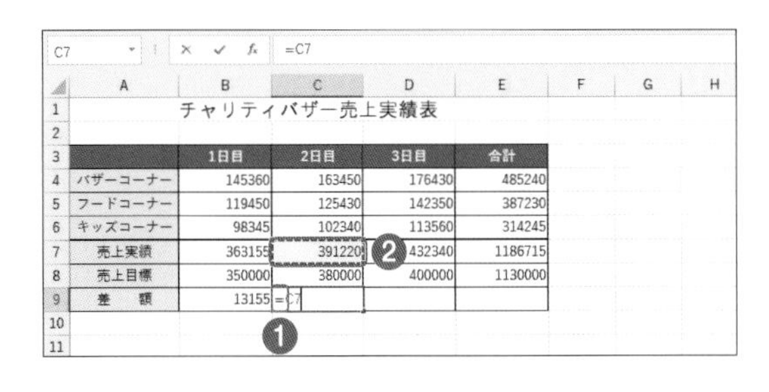

C7　=C7

	A	B	C	D	E
1	チャリティバザー売上実績表				
2					
3		1日目	2日目	3日目	合計
4	バザーコーナー	145360	163450	176430	485240
5	フードコーナー	119450	125430	142350	387230
6	キッズコーナー	98345	102340	113560	314245
7	売上実績	363155	391220	432340	1186715
8	売上目標	350000	380000	400000	1130000
9	差　額	13155	=C7		

❸ セルの位置を指定して計算する

数式を入力するセルをクリックして、半角で「=」と入力し❶、計算対象のセルをクリックします❷。

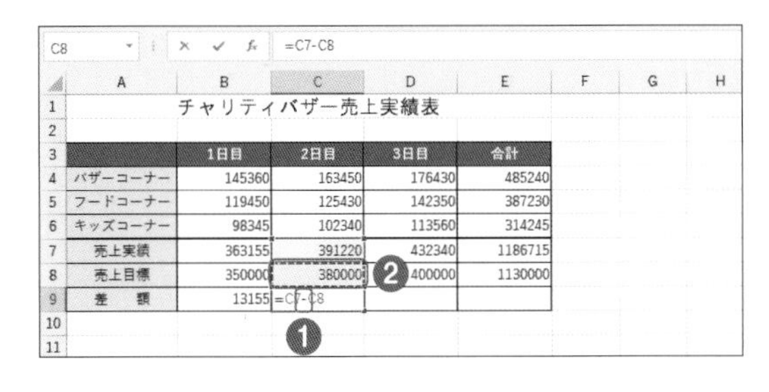

C8　=C7-C8

	A	B	C	D	E
1	チャリティバザー売上実績表				
2					
3		1日目	2日目	3日目	合計
4	バザーコーナー	145360	163450	176430	485240
5	フードコーナー	119450	125430	142350	387230
6	キッズコーナー	98345	102340	113560	314245
7	売上実績	363155	391220	432340	1186715
8	売上目標	350000	380000	400000	1130000
9	差　額	13155	=C7-C8		

❹ もう一方の計算対象のセルを指定する

続いて、半角で「-」を入力して❶、もう一方の計算対象のセルをクリックし、Enter キーを押します❷。

ワンポイントアドバイス

数式は「=」(等号)と数値データ、算術演算子「*(加算)」「-(減算)」「*(乗算)」「/(除算)」を入力して結果を求めます。「=」や数値、算術演算子などはすべて半角で入力します。数値を入力するかわりにセルの位置を指定(セル参照)したり、関数を指定して計算することもできます(p.114参照)。セル参照を利用すると、参照先のデータを修正した場合でも計算結果が自動的に更新されます。

19 数式・関数

合計を求める／平均を求める

合計を求める場合はSUM関数を、平均を求める場合はAVERAGE関数を利用します。合計や平均を求める関数は、[ホーム]タブと[数式]タブのどちらからも設定できます。

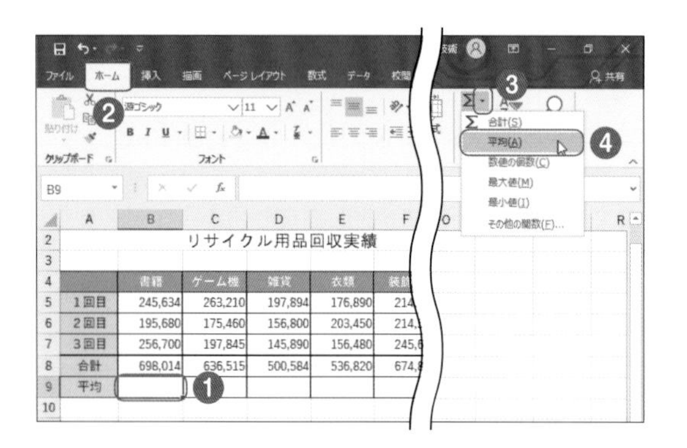

1 [平均]を選択する

平均を求めるセルをクリックします❶。[ホーム]タブ❷の[編集]グループの[合計] Σ の ▾ をクリックして❸、[平均]をクリックします❹。

合計を求める場合は、[ホーム]タブの[編集]グループの[合計] Σ をクリックします。

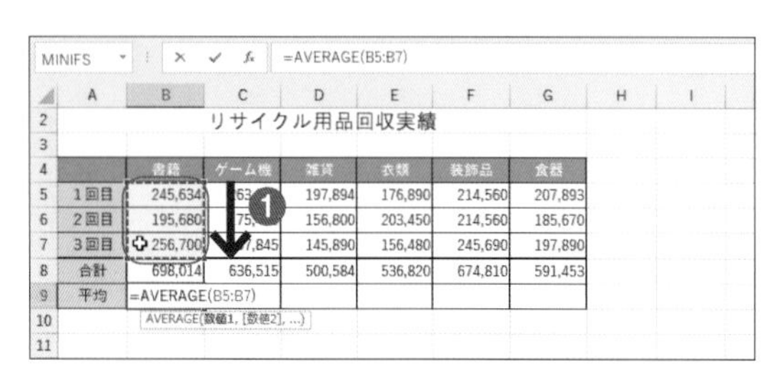

2 平均を求める範囲を指定する

計算対象のセル範囲をドラッグして、Enter キーを押します❶。

20 数式・関数

最大値を求める／最小値を求める

最大値を求める場合はMAX関数を、最小値を求める場合はMIN関数を利用します。ここでは、[数式]タブの[オートSUM]から設定してみましょう。

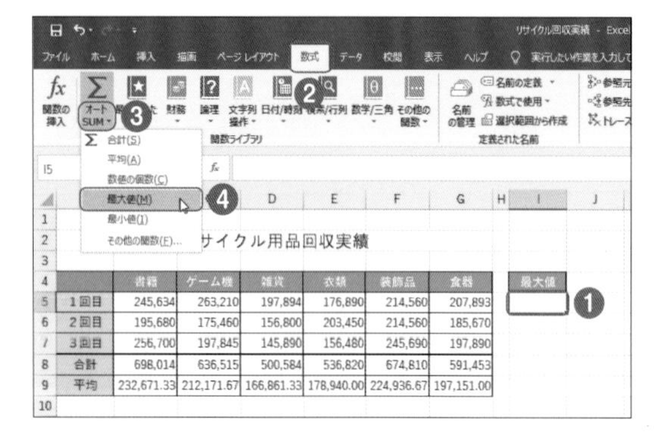

1 [最大値]を選択する

最大値を求めるセルをクリックします❶。[数式]タブ❷の[関数ライブラリ]グループの[オートSUM]の オートSUM をクリックして❸、[最大値]をクリックします❹。

最小値を求める場合は、[オートSUM]の オートSUM をクリックして、[最小値]をクリックします。

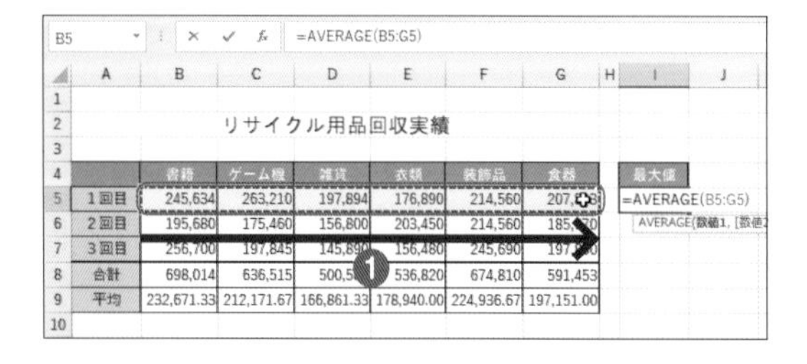

2 最大値を求める範囲を指定する

計算対象のセル範囲をドラッグして、Enter キーを押します❶。

21 PDF形式に変換して保存する（ワード・エクセル共通）

保存

エクセルやワードで作成した書類をPDF形式で保存できます。レイアウトや書式、画像などがそのまま維持されるので、パソコン環境に依存せずに書類を確認することができます。

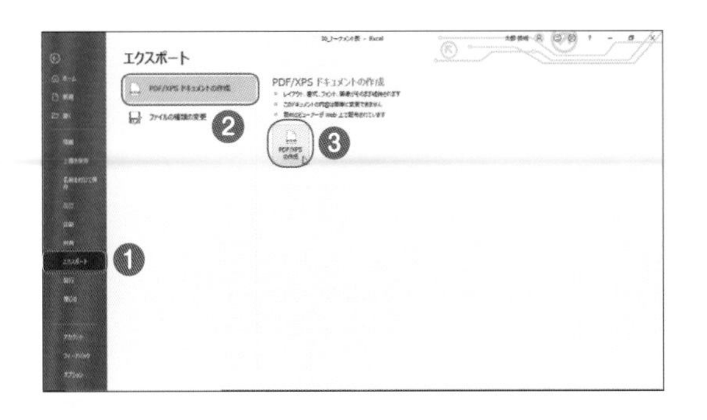

1 [PDF／XPSの作成]を選択する

[ファイル]タブをクリックして、[エクスポート]をクリックします❶。[PDF／XPSドキュメントの作成]をクリックして❷、[PDF／XPSの作成]をクリックします❸。

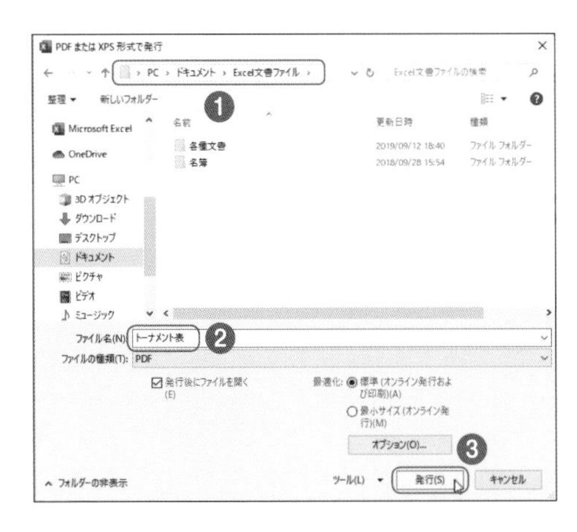

2 PDF形式で保存する

[PDFまたはXPS形式で発行]ダイアログボックスで保存先を指定して❶、[ファイル名]に任意の名前を入力し❷、[発行]をクリックします❸。

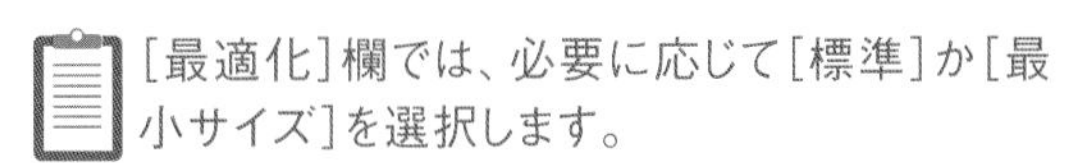
[最適化]欄では、必要に応じて[標準]か[最小サイズ]を選択します。

ワンポイントアドバイス

ワードで、PDFとして保存する範囲を指定する場合は、[PDFまたはXPS形式で発行]ダイアログボックスの[オプション]をクリックします。[オプション]ダイアログボックスで[ページ範囲]欄の[ページ指定]の[開始]と[終了]にそれぞれページを指定して、[OK]をクリックします。[PDFまたはXPS形式で発行]ダイアログボックスに戻るので、[発行]をクリックします。

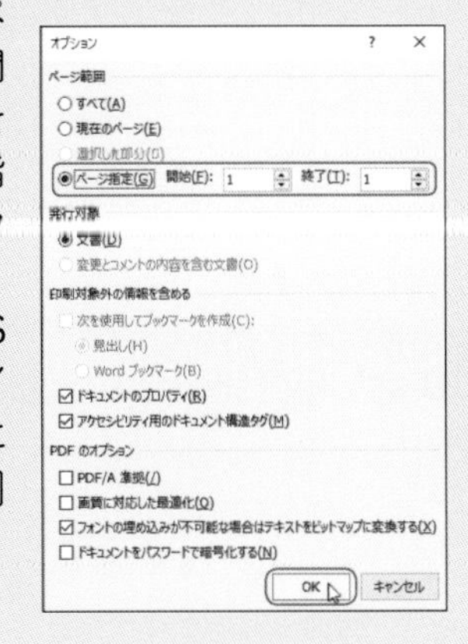

エクセルでは、同様に[オプション]ダイアログボックスを表示して、[発行対象]欄でPDFとして保存する対象を指定して、[OK]をクリックします。[PDFまたはXPS形式で発行]ダイアログボックスに戻るので、[発行]をクリックします。

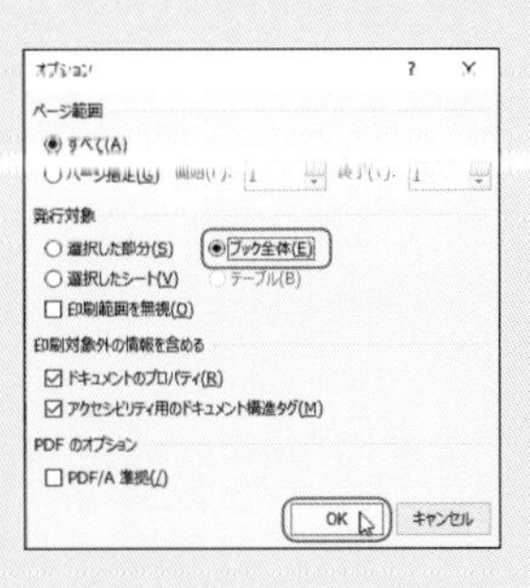

22 テンプレートとして保存する(ワード・エクセル共通)

保存

同じレイアウトの書類を頻繁に作成する場合は、テンプレートを利用すると便利です。作成した書類をテンプレートとして保存することもできます。

1 [テンプレート]を選択する

[ファイル]タブをクリックして、[エクスポート]をクリックします❶。[ファイルの種類を変更]をクリックして❷、[テンプレート]をクリックし❸、[名前を付けて保存]をクリックします❹。

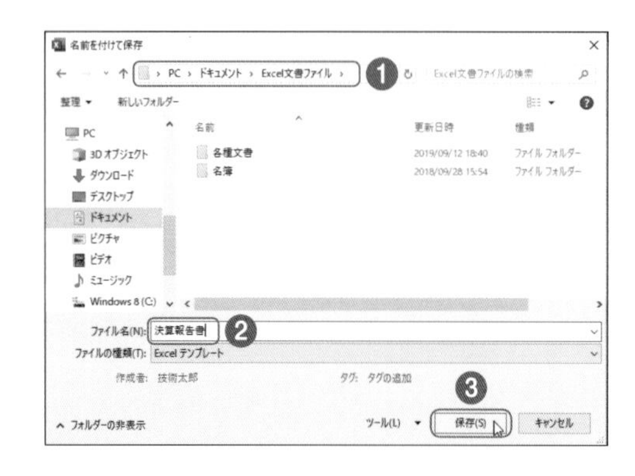

2 テンプレートに名前を付けて保存する

[名前を付けて保存]ダイアログボックスで保存先を指定して❶、[ファイル名]に任意の名前を入力し❷、[保存]をクリックします❸。

3 [ファイルを開く]ダイアログボックスを表示する

[ファイル]タブをクリックして、[開く]をクリックします❶。[このPC](ワード/エクセル 2013では[コンピューター])をクリックして❷、[参照]をクリックします❸。

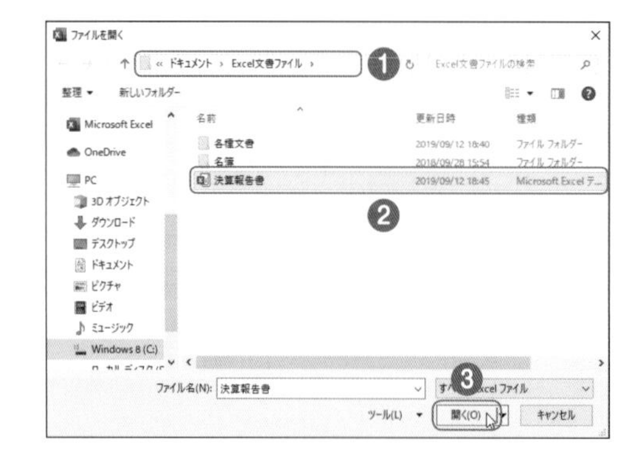

4 保存したテンプレートを開く

[ファイルを開く]ダイアログボックスでテンプレートの保存先を指定して❶、テンプレートファイルをクリックし❷、[開く]をクリックします❸。

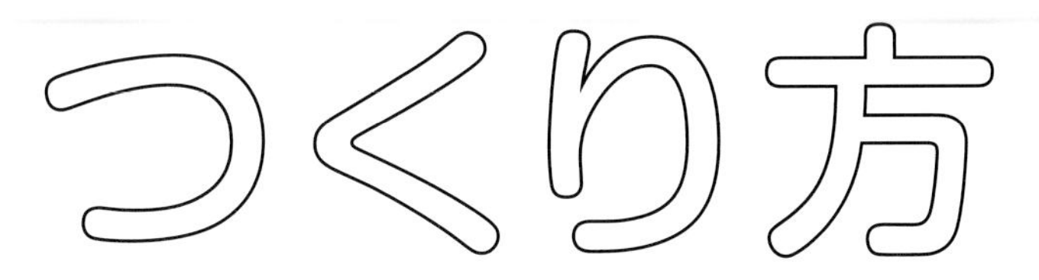

本書の作例をつくるために必要な操作を解説します。
ここで紹介している操作を取得すれば、本書の作例だけでなく、
オリジナルの書類をつくるのにも役立ちます。

01 地図の道路をつくる

作例は p.30　作例は p.42

直線や四角形を使ってかんたんな道路を作成します。挿入したあと、線の幅や塗りつぶしの色を変更して、道路に見えるように調整します。

1 直線で道路をつくる

[挿入]タブ❶の[図]グループの[図形]をクリックして❷、[線]＼(ワード 2013では[直線])をクリックします❸。Shift キーを押しながらドラッグして直線を描きます❹。❶～❹の操作を繰り返して、道路をつくります。

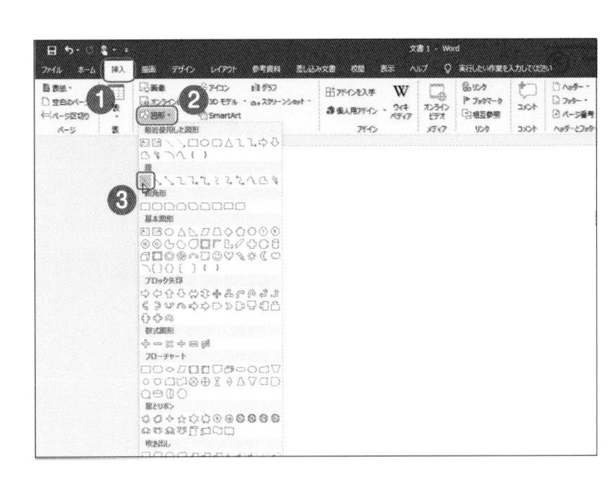

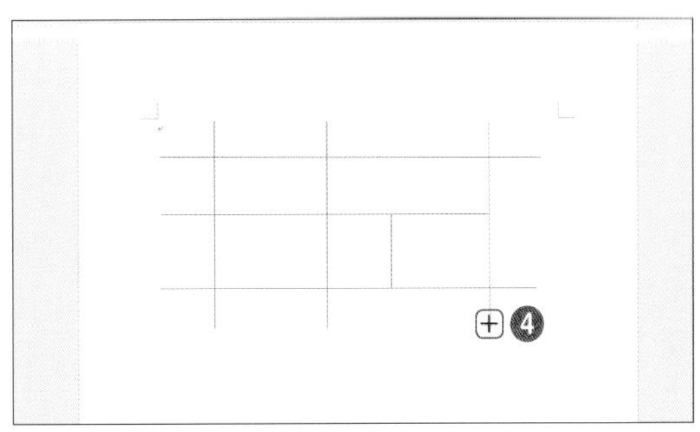

ワンポイントアドバイス

広い道路の場合は直線ではなく、[正方形／長方形]□をクリックして描画します。このとき、Shift キーを押しながらドラッグすると正方形になるので、Shift キーを使わずにドラッグします。この場合は、[図形の書式設定]作業ウィンドウで[塗りつぶし]をクリックし、[色]から任意の色を選択します。そして、[線]をクリックして[線なし]をクリックします。

2 線の書式を設定する

直線を選択して❶、[書式]タブ❷の[図形のスタイル]グループタイトル右の をクリックします❸。

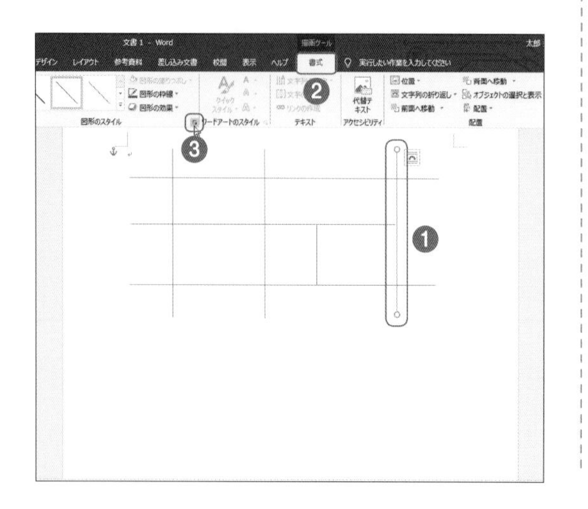

3 線の色と幅を設定する

[塗りつぶしと線] をクリックして❶、[線]をクリックし❷、[線(単色)]をクリックします❸。[色]をクリックして任意の色を選択し❹、[幅]に任意の数値を指定します❺。ほかの直線も同様に設定して道路を完成させます。

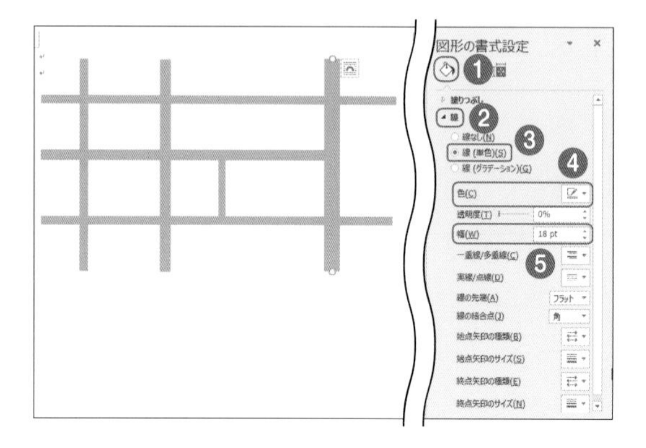

02 地図の線路をつくる

作例は p.30

線路は、直線と点線を描いて重ねる方法もありますが、ここでは、直線を点線に変更することで作成しましょう。

1 直線の色と幅を変更する

直線を描いて選択し❶、[書式]タブ❷の[図形のスタイル]グループタイトル右の をクリックします❸。[塗りつぶしと線] をクリックして❹、[線]をクリックし❺、[線(単色)]をクリックします❻。

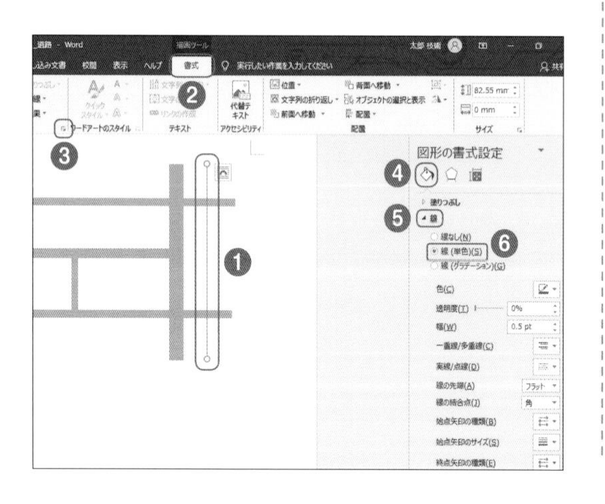

2 直線を点線に変更する

[色]をクリックして「黒、テキスト1」を選択します❶。[幅]を「8pt」に指定し❷、[実線／点線]で[点線(角)]を選択します❸。

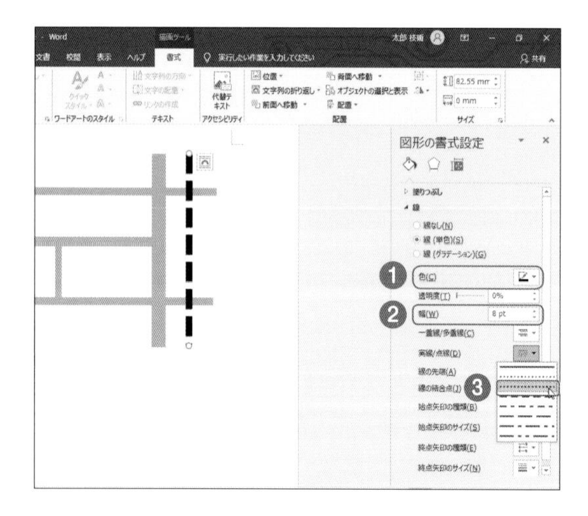

03 地図の建物を立体的にする

作例は p.30 作例は p.42

建物は、四角形や楕円、台形などの基本図形で描きます。直方体や円柱を使って描くと、奥行きのある建物が作成できます。

1 直方体を描く

[挿入]タブ❶の[図]グループの[図形]をクリックして❷、[直方体]をクリックします❸。

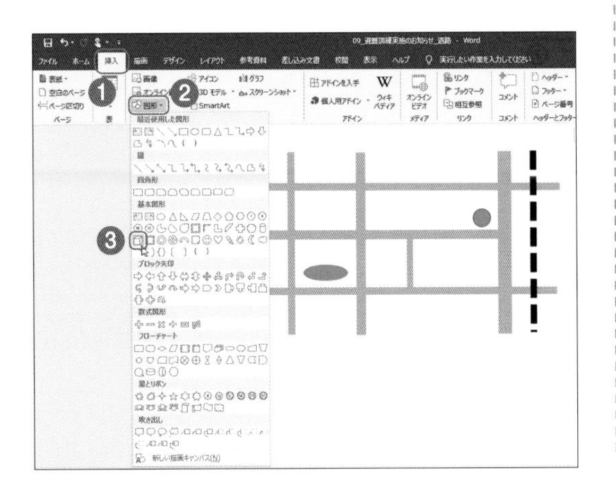

2 塗りつぶしの色を変更する

対角線上にドラッグして直方体を描きます❶。図形をクリックして、[書式]タブ❷の[図形の塗りつぶし]をクリックし❸、任意の色をクリックします❹。

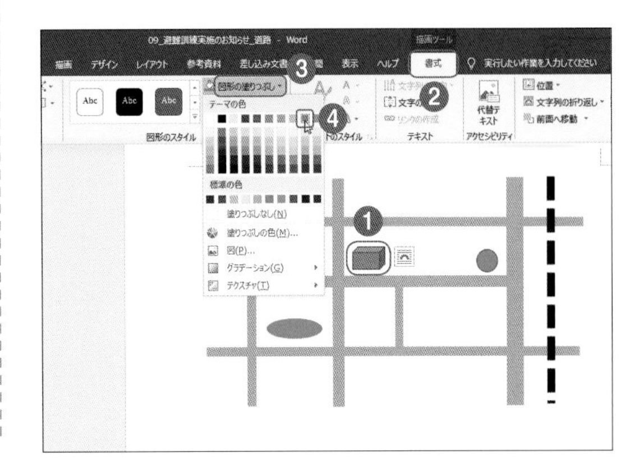

04 駅や建物の中に文字を入力する

作例は p.30 作例は p.42

建物や道路の名前を入れるには、テキストボックスを挿入して文字を入力します。テキストボックスは透明にします。

1 テキストボックスを挿入する

[挿入]タブ❶の[テキストグループ]の[テキストボックス]をクリックして❷、[横書きテキストボックスの描画](あるいは[縦書きテキストボックスの描画])をクリックします❸。

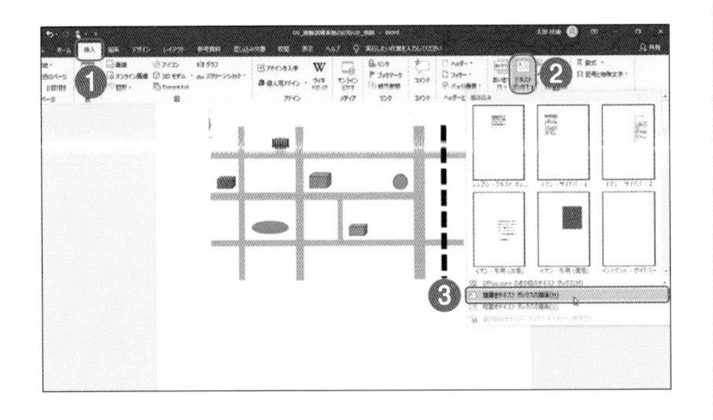

2 文字を入力して、枠線をなしにする

対角線上にドラッグして、テキストボックスを挿入し、テキストボックスに文字を入力します❶。枠線をクリックして、[書式]タブ❷の[図形のスタイル]グループの[図形の枠線]をクリックし❸、[枠線なし](ワード 2013では[線なし])をクリックします❹。

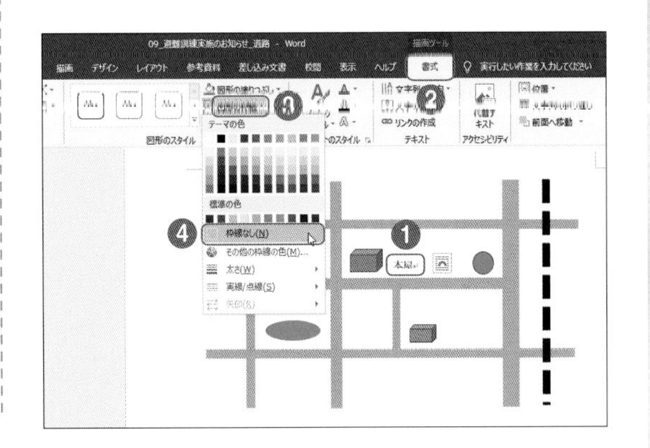

05 名簿から差し込み印刷をする

宛名以外の文面が同じ場合は、差し込み印刷を利用すると便利です。ここでは、ワードで作成した集金袋の宛名部分に、エクセルで作成した会員名簿を差し込んで印刷します。

1 [差し込み印刷ウィザード]を選択する

集金袋を開きます。[差し込み文書]タブ❶の[差し込み印刷の開始]グループの[差し込み印刷の開始]をクリックして❷、[差し込み印刷ウィザード]をクリックします❸。

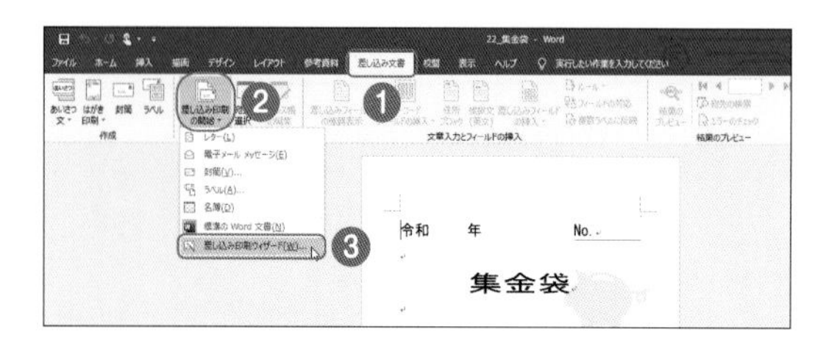

2 文書の種類を選択する

[差し込み印刷]作業ウィンドウの[文書の種類を選択]欄で[レター]をクリックして❶、[次へ:ひな形の選択]をクリックします❷。

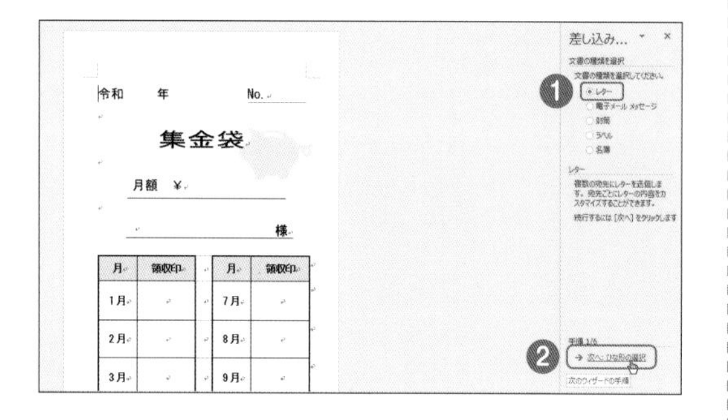

3 ひな形を選択する

[ひな形の選択]欄で[現在の文書を使用]をクリックして❶、[次へ:宛先の選択]をクリックします❷。

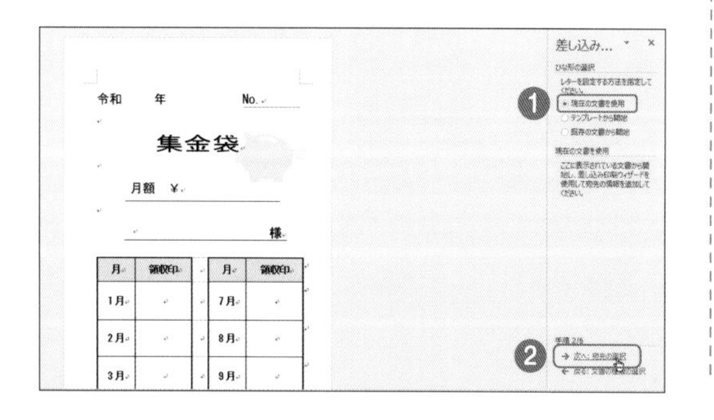

4 宛先を選択する

[宛先の選択]欄で[既存のリストを使用]をクリックして❶、[参照]をクリックします❷。

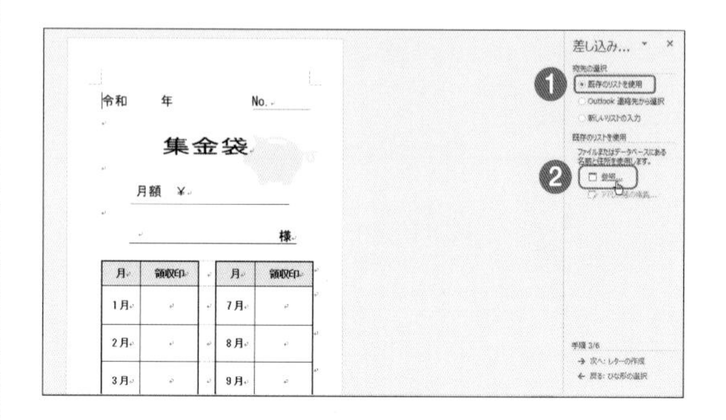

5 差し込む名簿ファイルを選択する

[データファイルの選択]ダイアログボックスで保存先を指定して❶、名簿ファイルをクリックし❷、[開く]をクリックします❸。

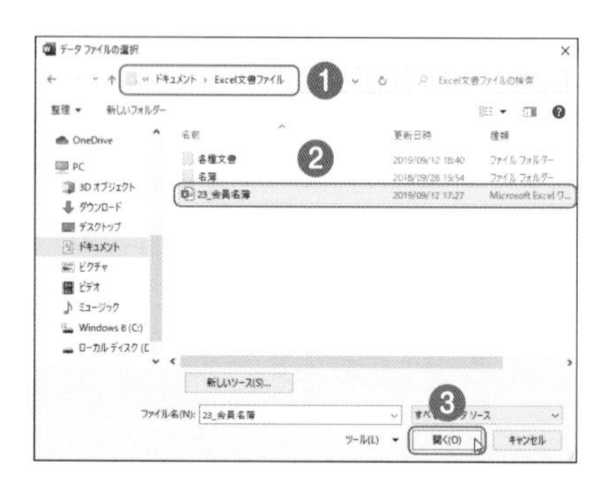

6 差し込む名簿のワークシートを選択する

[テーブルの選択]ダイアログボックスで「会員名簿」をクリックして❶、[先頭行をタイトル行として使用する]にチェックを付け❷、[OK]をクリックします❸。

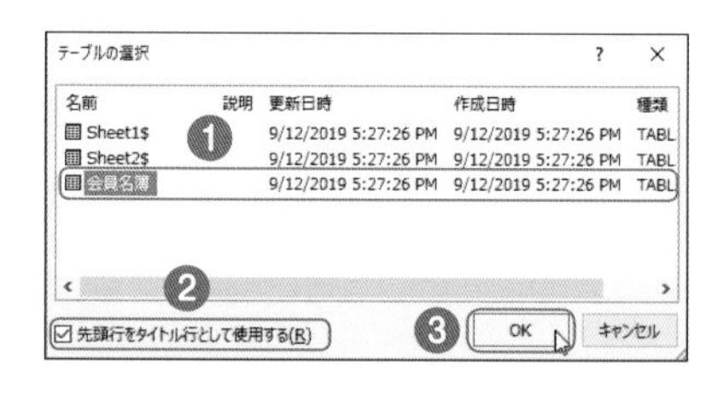

7 ［差し込み印刷の宛先］を確認する

［差し込み印刷の宛先］ダイアログボックスで差し込むデータを確認して❶、［OK］をクリックします❷。

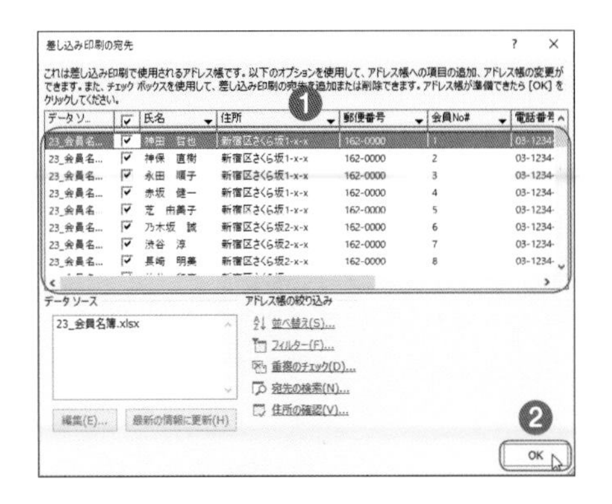

8 ［差し込みフィールドの挿入］を選択する

［次へ:レターの作成］をクリックして❶、［レターの作成］欄の［差し込みフィールドの挿入］をクリックします❷。

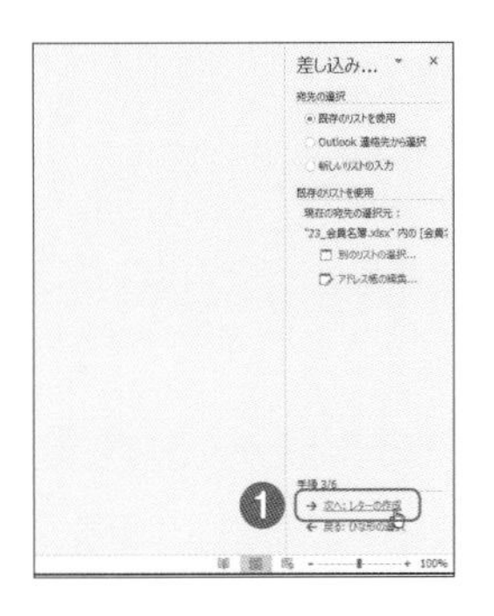

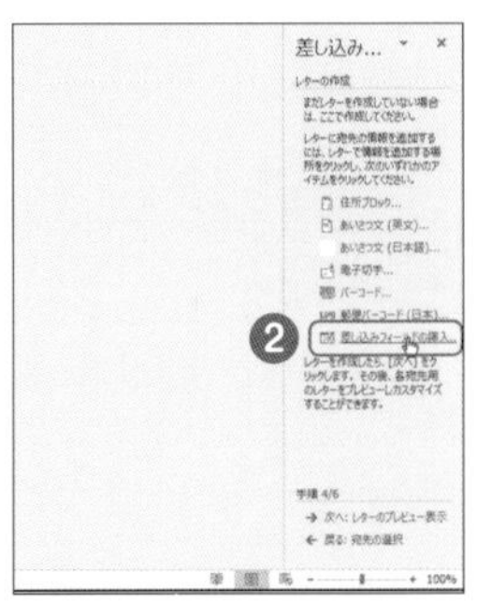

9 差し込みフィールドを挿入する

［差し込みフィールドの挿入］ダイアログボックスで「氏名」をクリックして❶、［挿入］をクリックし❷、［閉じる］をクリックします❸。

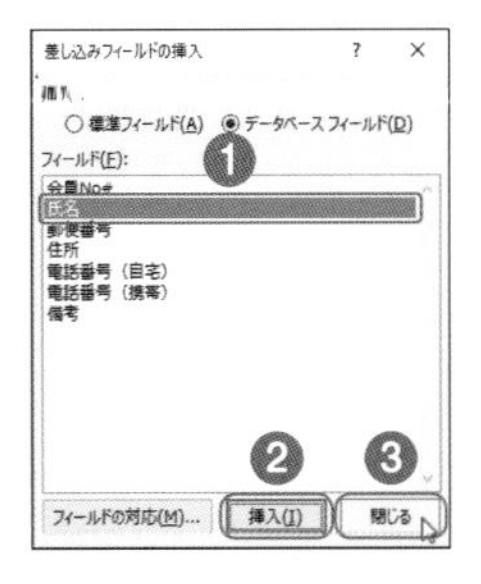

10 差し込まれたデータを確認する

［次へ:レターのプレビュー表示］をクリックすると❶、会員名簿の「氏名」列に入力されているデータが表示されます❷。［レターのプレビュー］欄の［>>］をクリックすると❸、次の氏名を確認できます。

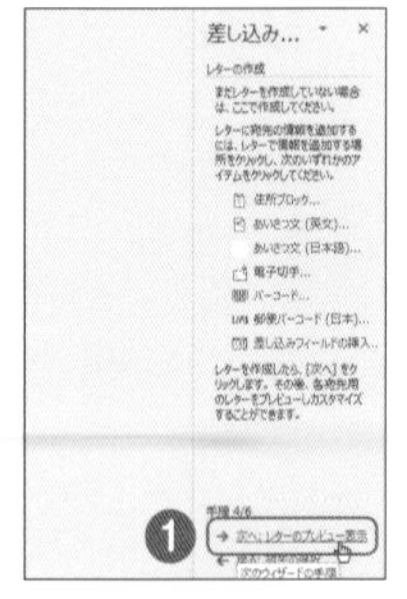

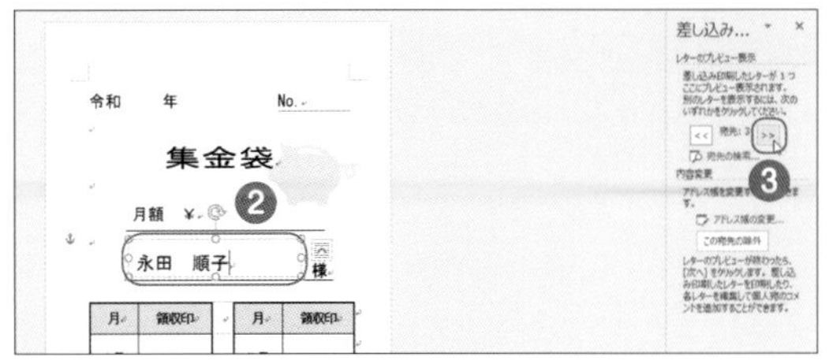

11 ［文書の印刷］を選択する

［差し込み文書］タブ❶の［完了］グループの［完了と差し込み］をクリックして❷、［文書の印刷］をクリックします❸。

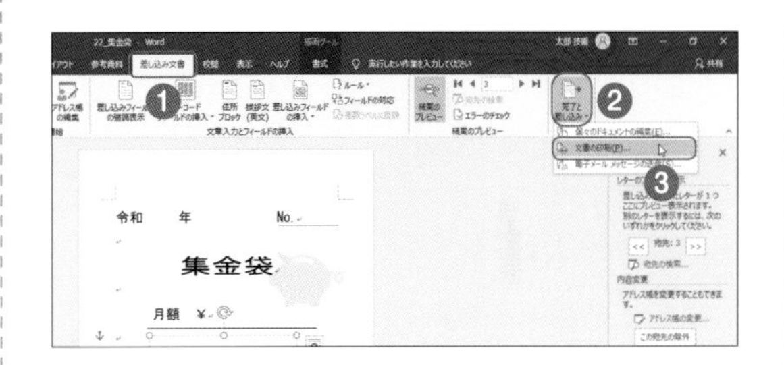

12 印刷する

［プリンターに差し込み］ダイアログボックスで印刷する対象のレコードを指定して❶、［OK］をクリックします❷。なお、プリンターに封筒をセットする方法は、プリンターの機種によって異なります。プリンターの解説書で確認するか、試し印刷をして確認してください。

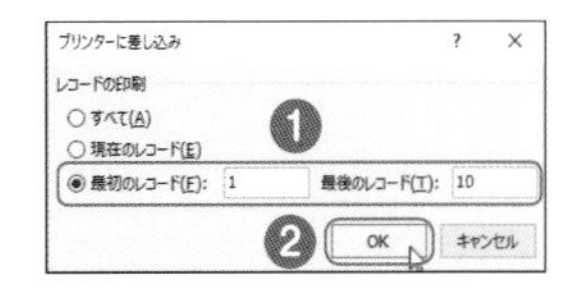

手順❶で［現在のレコード］を選択すると、表示しているレコードだけが印刷されます。試し印刷をする際に利用しましょう。

06 ラベル機能で領収証をつくる

1枚の用紙に同じデザインの領収証などを複数枚作成する場合は、ワードのラベル機能を利用します。市販のラベル用紙のほか、オリジナルの用紙を作成することもできます。

1 [ラベル]を選択する

[差し込み文書]タブ❶の[作成]グループの[ラベル]をクリックして❷、[封筒とラベル]ダイアログボックスの[オプション]をクリックします❸。

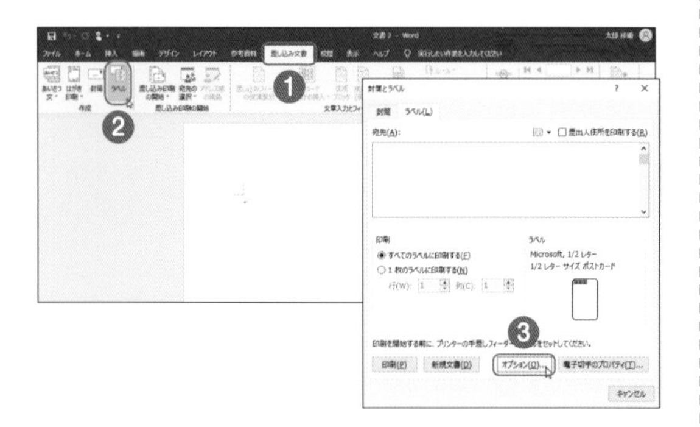

2 [新しいラベル]を選択する

[ラベルオプション]ダイアログボックスの[新しいラベル]をクリックします❶。

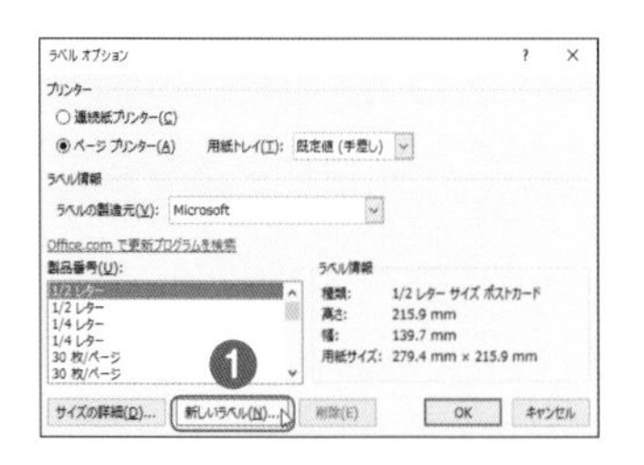

3 ラベルのサイズを指定して登録する

[ラベルオプション]ダイアログボックスで[ラベル名]にオリジナルのラベル名を入力します❶。[ラベルの高さ]を「70mm」、[ラベルの幅]を「97mm」に❷、[ラベル数(横)]を「2」、[ラベル数(縦)]を「4」に❸、[上余白]を「10mm」、[横余白]を「8mm」に設定します❹[用紙サイズ]で[A4]を選択して❺、[OK]をクリックし❻、[ラベルオプション]ダイアログボックスの[OK]をクリックします。

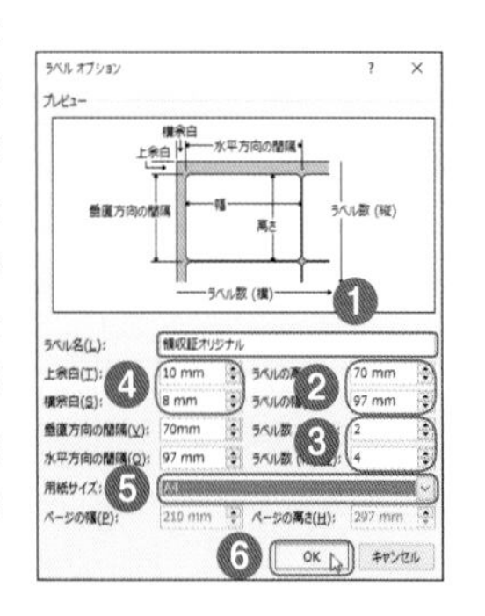

4 新しい文書にラベルを作成する

[封筒とラベル]ダイアログボックスの[新規文書]をクリックします❶。

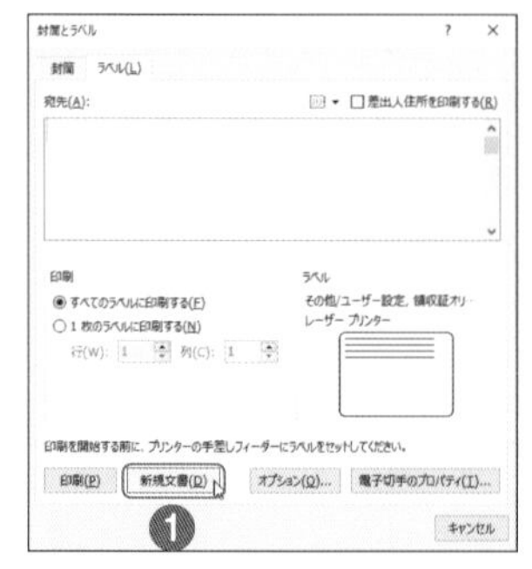

5 1枚目の領収証を作成する

4行2列のラベルが作成されるので、1枚目の領収証を作成します❶。領収証の横の罫線にマウスポインターを合わせ、ポインターの形が↗に変わった状態でクリックします❷。

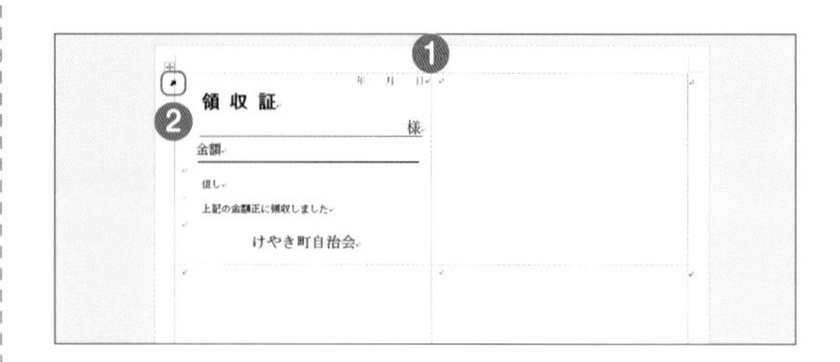

6 領収証をコピーする

[ホーム]タブ❶の[クリップボード]グループの[コピー]をクリックします❷。右のセル内をクリックして、[ホーム]タブの[クリップボード]グループの[貼り付け]をクリックします❸。同様に6面が埋まるまで[貼り付け]を実行します。

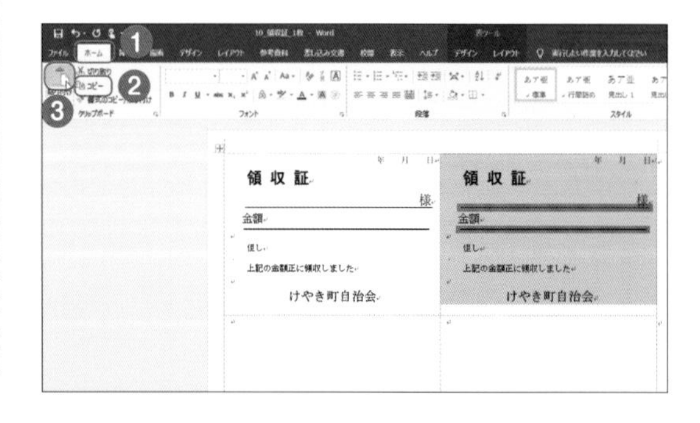

07 ワードにエクセルのグラフや表を貼り付ける

作例は p.62

エクセルで作成したグラフや表をワードに貼り付けることもできます。リンク貼り付けを設定すると、エクセルのデータの変更がワードに貼り付けたグラフや表にも反映されます。

1 エクセルの表をコピーする

エクセルの表を選択して❶、[ホーム]タブ❷の[クリップボード]グループの[コピー]をクリックします❸。

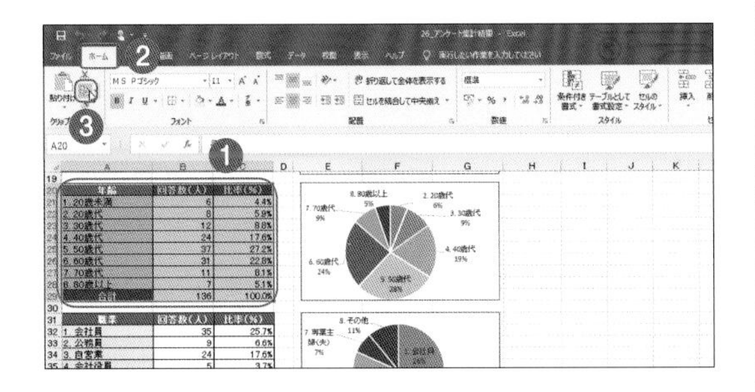

2 [形式を選択して貼り付け]を選択する

ワードのファイルを開き、表の貼り付け先をクリックします❶。[ホーム]タブ❷の[クリップボード]グループの[貼り付け]をクリックして❸、[形式を選択して貼り付け]をクリックします❹。

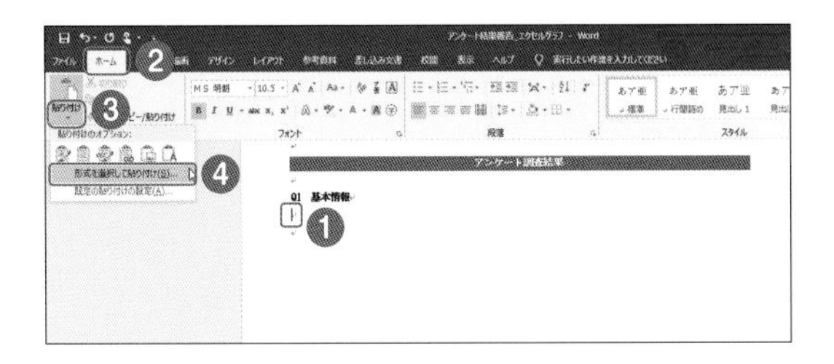

3 ワードにリンク貼り付けする

[形式を選択して貼り付け]ダイアログボックスの[リンク貼り付け]をクリックします❶。[貼り付ける形式]欄で[図(Windowsメタファイル)]をクリックして❷、[OK]をクリックします❸。

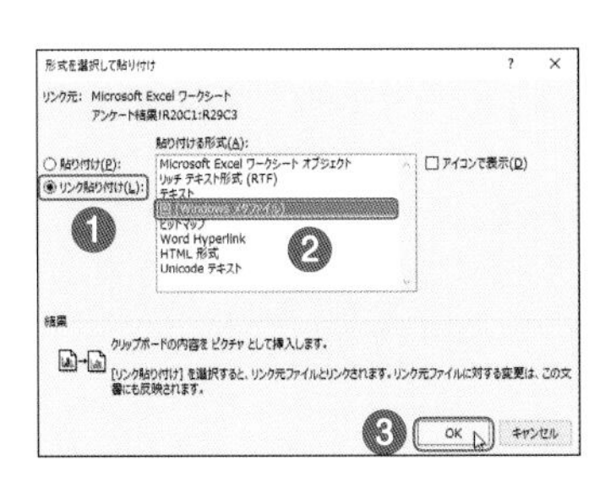

4 サイズを調整する

貼り付けた図をクリックして❶、右下隅にマウスポインターを合わせ、マウスポインターの形がになった状態でドラッグして調整します❷。

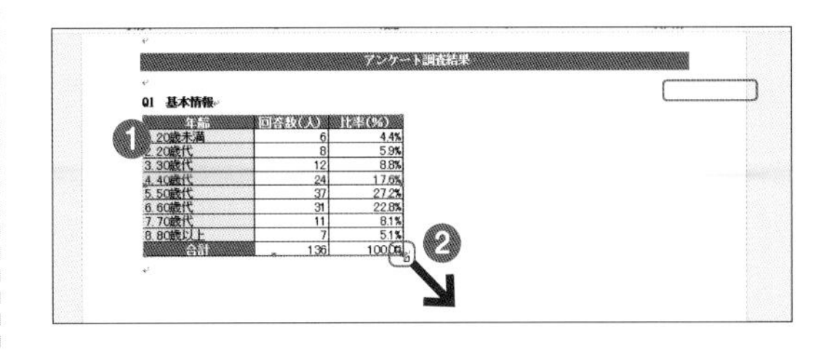

5 グラフをコピーして[リンク貼り付け]する

エクセルのグラフを選択して、手順❶～❸と同様にグラフをワードにリンク貼り付けし、サイズを調整します❶。

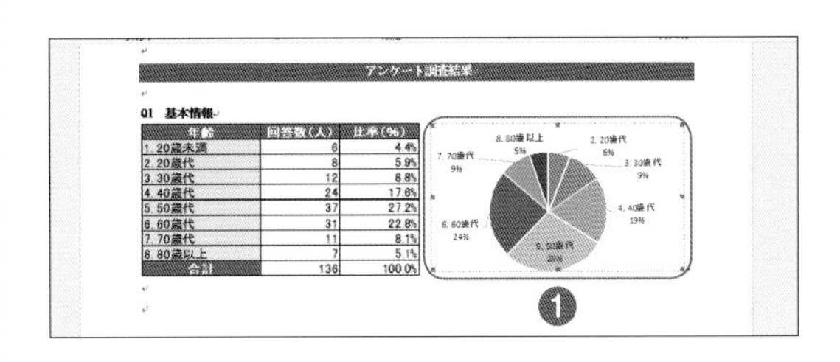

6 リンク貼り付けを確認する

エクセルでデータを変更すると、ワードに貼り付けたグラフや表にも変更が反映されます。

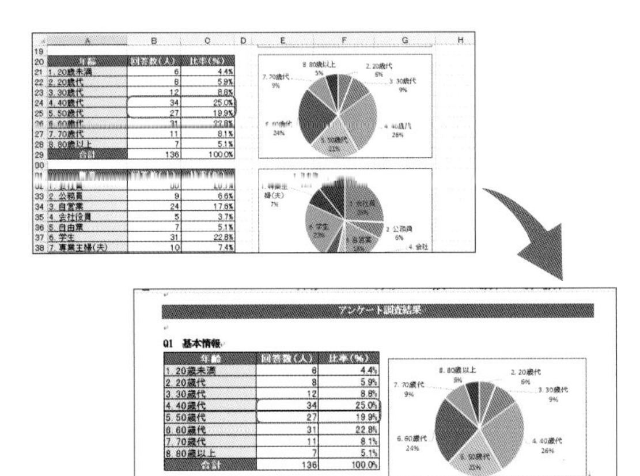

08 ワードでグラフを作成する

ワードにも棒グラフ、折れ線グラフ、円グラフなどを作成する機能があります。ワードでグラフの種類を選択して、[Microsoft Word 内のグラフ]画面にデータを入力します。

1 グラフを挿入する

[挿入]タブ❶の[図]グループの[グラフ]をクリックします❷。[グラフの挿入]ダイアログボックスの[横棒]をクリックして❸、[集合横棒]をクリックし❹、[OK]をクリックします❺。

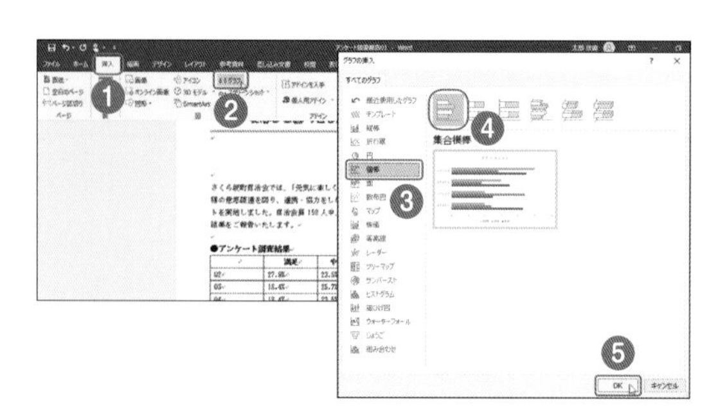

2 仮のグラフとワークシートが表示される

[Microsoft Word 内のグラフ]画面が表示され、ワードの画面には、仮のグラフが表示されます。

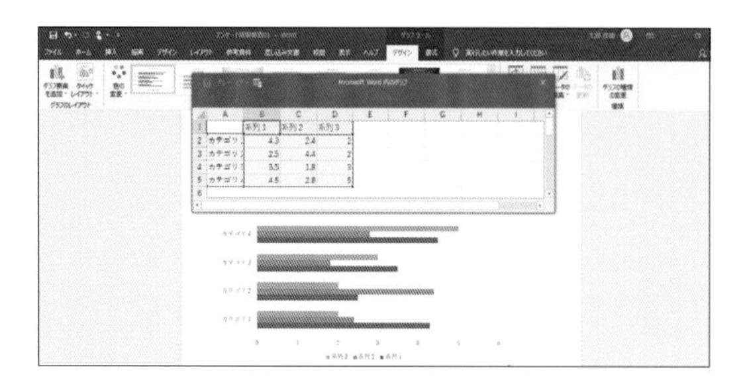

3 グラフ元のデータを入力する

B列から順番に系列データを入力し❶、2行目から軸に表示されるデータを順番に入力します❷。[B2]セルからは値を入力します❸。

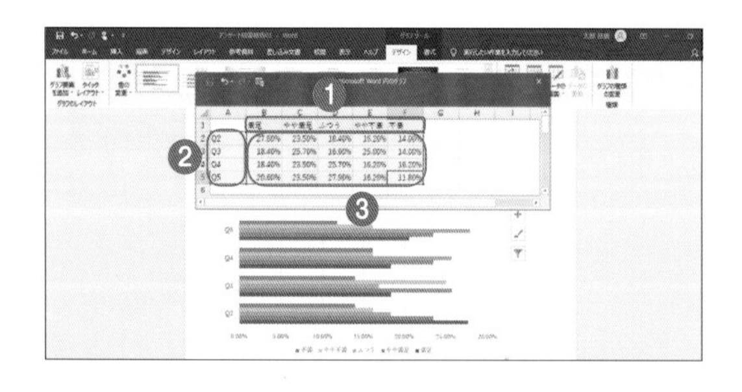

4 グラフを移動できるように設定する

グラフをクリックして❶、グラフの右上に表示される[レイアウトオプション]をクリックし❷、[文字列の折り返し]欄の[前面]をクリックします❸。

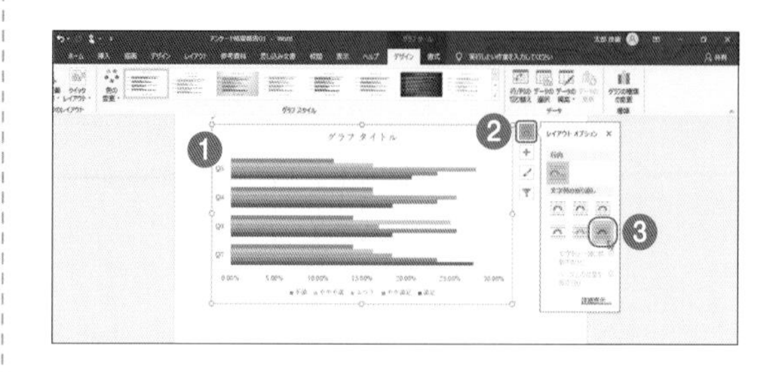

5 軸を反転する

軸を反転させるには、軸をダブルクリックして❶[軸の書式設定]作業ウィンドウを表示し、[軸のオプション]をクリックします❷。[軸のプション]をクリックして❸、[軸位置]欄の[軸を反転する]にチェックを付けます❹。

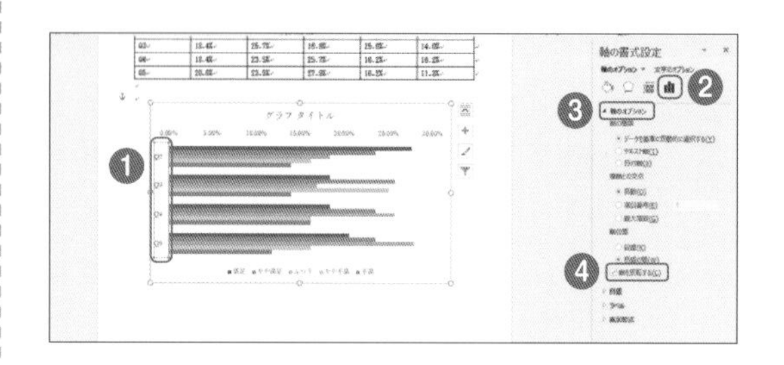

6 タイトルを入力して色を変更する

[グラフタイトル]を実際のタイトルに変更します❶。[デザイン]タブ❷の[グラフスタイル]グループの[色の変更]をクリックして❸、任意の色合いをクリックします❹。

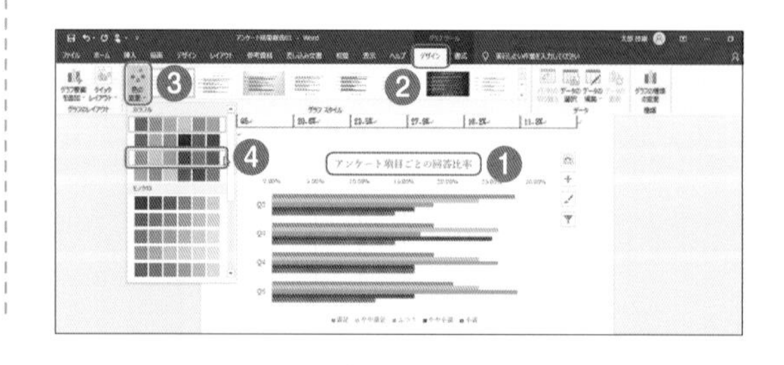

09 SmartArtで組織図や連絡網をつくる

作例は p.72　作例は p.73

SmartArtを利用すると、組織図や連絡網といった複雑な図表をかんたんに作成できます。図形の追加や削除もできるので、組織や連絡網の増減にも対応が可能です。

1 [SmartArt]を選択する

[挿入]タブ❶の[図]をクリックして❷、[SmartArt]をクリックします❸。

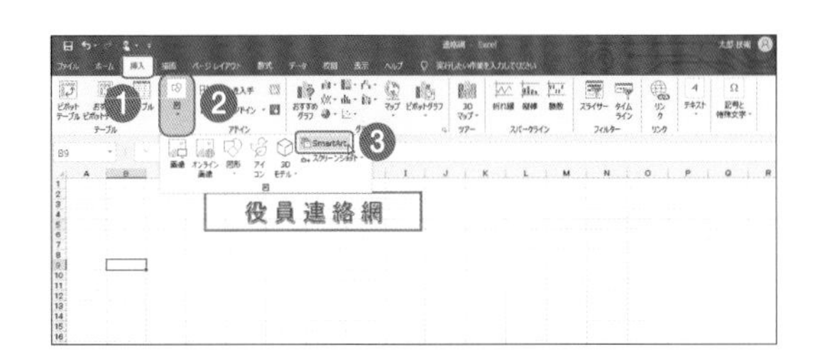

2 SmartArtを挿入する

[SmartArtグラフィックの選択]ダイアログボックスの[階層構造]をクリックして❶、SmartArtの種類をクリックし❷、[OK]をクリックします❸。

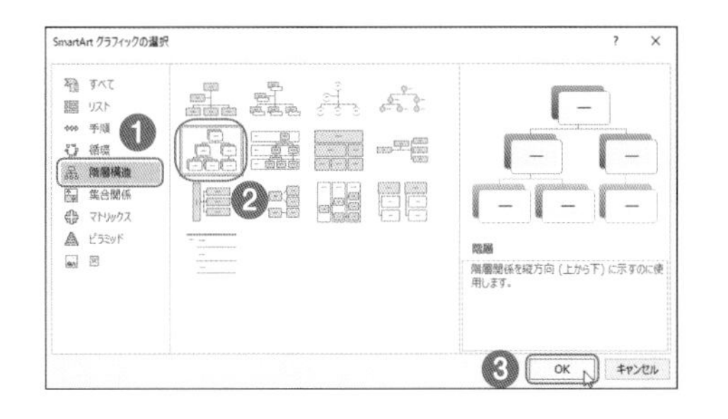

3 文字を入力する

図形内をクリックして文字を入力します❶。図形のサイズに対応して文字サイズが自動的に変更されます。フォントは必要に応じて変更します。

SmartArtのエリア全体を拡大／縮小するには、サイズ変更ハンドル○をドラッグします。

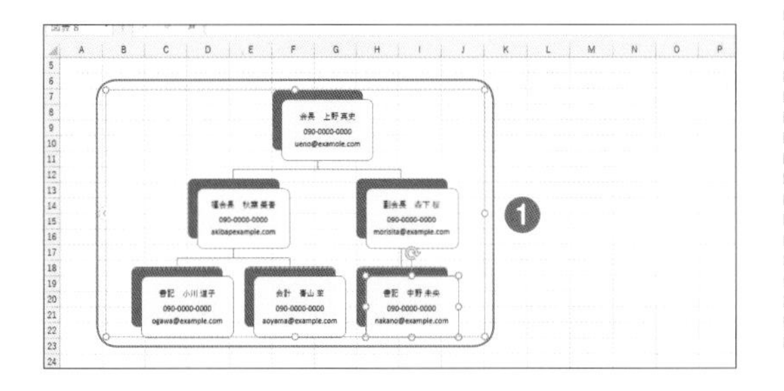

4 下のレベルの図形を追加する

図形をクリックして❶、[デザイン]タブ❷の[グラフィックの作成]グループの[図形の追加]の▾をクリックし❸、[下に図形を追加]をクリックします❹。

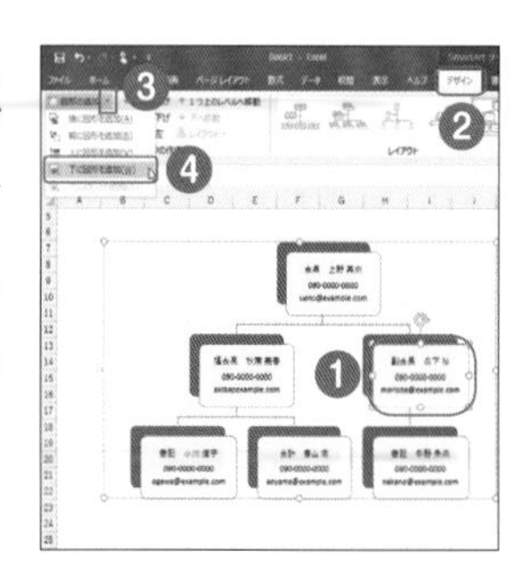

5 同じレベルの図形を追加する

図形をクリックして❶、[デザイン]タブ❷の[グラフィックの作成]グループの[図形の追加]の▾をクリックし❸、[後に図形を追加]をクリックします❹。

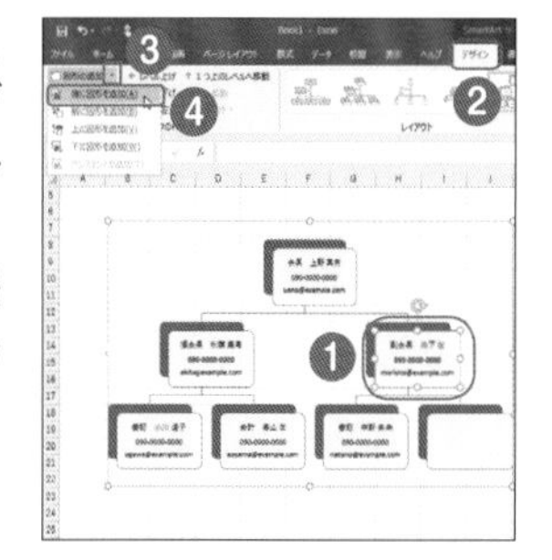

6 色を変更する

手順❹、❺の要領で必要な図形を追加して、文字を入力し連絡網を完成させます❶。[デザイン]タブ❷の[SmartArtのスタイル]グループの[色の変更]をクリックして❸、任意の色合いをクリックします❹。

[デザイン]タブの[SmartArtのスタイル]グループの[その他]▽をクリックすると、スタイルを変更できます。

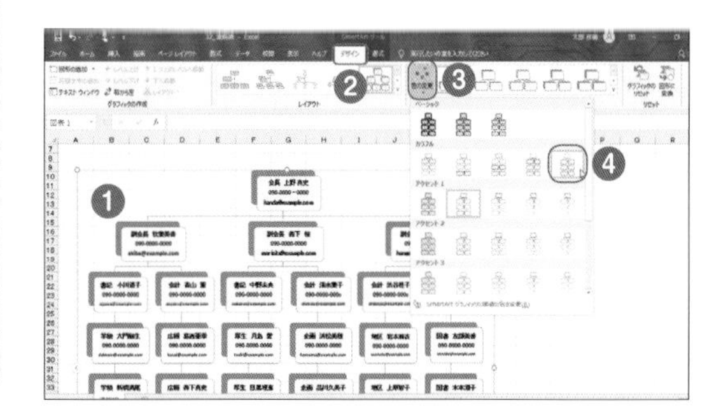

索引

著者紹介

AYURA（アユラ）

コンピューター関連書籍を中心に企画・執筆・DTP制作、および翻訳も手がける編集プロダクション。「読者にやさしい本づくり」がモットー。近著に「今すぐ使えるかんたんシリーズ」のWord 2019、Excel 2019、Office for Mac 2019、はがき 名簿 宛名ラベル、Photoshop Elementsフォトレタッチ入門（すべて技術評論社）などがある。

実例満載
Word & Excelでできる
自治会・PTAで役立つ書類のつくり方

■カバーデザイン	Kuwa Design
■カバー立体イラスト	長谷部真美子
■カバー写真撮影	広路和夫
■本文デザイン	Kuwa Design
■編集／DTP	AYURA
■担当	竹内仁志

2020年2月8日　初版　第1刷発行

著者　AYURA
発行者　片岡　巌
発行所　株式会社技術評論社
東京都新宿区市谷左内町21-13
電話　03-3513-6150　販売促進部
03-3513-6160　書籍編集部

印刷／製本　大日本印刷株式会社

定価はカバーに表示してあります。

ISBN978-4-297-11069-7　C3055
Printed in Japan

お問い合わせについて

本書に関するご質問については、本書に記載されている内容に関するもののみとさせていただきます。本書の内容と関係のないご質問につきましては、一切お答えできませんので、あらかじめご了承ください。また、電話でのご質問は受け付けておりませんので、必ずFAXか書面にて下記までお送りください。なお、ご質問の際には、必ず以下の項目を明記していただきますようお願いいたします。

1　お名前
2　返信先の住所またはFAX 番号
3　書名
（実例満載 Word&Excelでできる
自治会・PTAで役立つ書類のつくり方）
4　本書の該当ページ
5　ご使用のOSとWord/Excelのバージョン
6　ご質問内容

お送りいただいたご質問には、できる限り迅速にお答えできるよう努力いたしておりますが、場合によってはお答えするまでに時間がかかることがあります。また、回答の期日をご指定なさっても、ご希望にお応えできるとは限りません。あらかじめご了承くださいますよう、お願いいたします。ご質問の際に記載いただいた個人情報はご質問の返答以外の目的には使用いたしません。また、返答後はすみやかに破棄させていただきます。

お問い合わせ先

〒162-0846
東京都新宿区市谷左内町21-13
株式会社技術評論社　書籍編集部
「実例満載 Word&Excelでできる
自治会・PTAで役立つ書類のつくり方」
質問係
FAX 番号　03-3513-6167
URL:https://book.gihyo.jp/116

お問い合わせの例

FAX

1　お名前
技評　太郎
2　返信先の住所またはFAX 番号
03-XXXX-XXXX
3　書名
実例満載 Word&Excelでできる
自治会・PTAで役立つ書類のつくり方
4　本書の該当ページ
95ページ
5　ご使用のOSとWord/Excelのバージョン
Windows 10
Word 2019/Excel 2019
6　ご質問内容
図形をコピーできない